走过星空 遇到黑洞

姚建明　周　娜　李雪颖　何振宇　编著

U0215011

清华大学出版社

北　京

内 容 简 介

这是全国青少年活动中心系列天文学教材的第 3 册。全书共有 14 章，主要内容涉及读者最感兴趣的天文学内容，从天文学的来源、和日常生活的联系，到认识星星、流星雨和黑洞等，同时穿插了天文小制作和天象厅以及野外观测的内容。内容不涉及任何公式和定量计算，主要是故事性、定性的讲解，对小学生能够学懂的天文学知识，做了完整的介绍。

本书可以在中小学、各级青少年活动中心、各种课外培训机构组织的传播天文学知识的学习中使用。本书能够满足青少年和天文爱好者对天文学系统知识的入门需要，对天文知识的学习起到一个承上启下的作用。有志向的小小天文学家们可以按照本系列教材自学。

图书在版编目（CIP）数据

走过星空遇到黑洞 / 姚建明等编著.— 北京：清华大学出版社，2023.5
ISBN 978-7-302-63243-6

Ⅰ.①走… Ⅱ.①姚… Ⅲ.①天文学—青少年读物 Ⅳ.①P1-49

中国国家版本馆CIP数据核字（2023）第057964号

责任编辑：朱红莲
封面设计：傅瑞学
责任校对：薄军霞
责任印制：朱雨萌

出版发行：清华大学出版社
　　　　网　　　址：http://www.tup.com.cn, http://www.wqbook.com
　　　　地　　　址：北京清华大学学研大厦A座　　　邮　　编：100084
　　　　社 总 机：010-83470000　　　　邮　　购：010-62786544
　　　　投稿与读者服务：010-62776969, c-service@tup.tsinghua.edu.cn
　　　　质量反馈：010-62772015, zhiliang@tup.tsinghua.edu.cn
印 装 者：小森印刷霸州有限公司
经　　销：全国新华书店
开　　本：165mm×240mm　　　印　　张：16.25　　字　　数：270千字
版　　次：2023年5月第1版　　　　　　　　　印　　次：2023年5月第1次印刷
定　　价：86.00元

产品编号：095269-01

前　言

学习天文学，可以在任何场合，可以在人生的任意年龄阶段。抬头看天，激人奋进，拓展我们的眼界。我们的祖先就是从天到地再到人，一步步地从原始人进化到社会人的。

我们在大学里开设过天文学的选修课，不论是理科生还是文科生都积极参与；我们在中学校园里举办天文学讲座，讲座结束了，同学们还在围着我们问问题；我们在小学里开设的课外天文学课程最多，从一年级到六年级，分年龄、分班级上课；似乎，任何阶段的学生，都喜爱天文学。

开设天文学课程最多的还是青少年活动中心，涉及全国所有的大中城市。从萌芽班、初级班、中级班到高级班，从来不缺少"生源"。我们还在图书馆、老年活动中心、市民大讲堂，甚至在公司的年会嘉年华上，开展天文知识的科普讲座，每次都是座无虚席，听众踊跃。最近几年，我们还录制了网络课程，准备更广泛地传播天文学的科普知识。

随着提高青少年综合素质的呼声越来越高，越来越多的政府部门、社会机构和学校、家长们开始重视青少年的课外学习，尤其是科普知识的学习。天文学作为一门基础学科，无论是知识性、趣味性，还是在开发智力、开拓孩子们的眼界方面，都是十分重要的。天文学涉及宇宙万物，关乎人类社会的各个方面，与数理化甚至人文的各个学科都有联系，天文学的作用不仅在眼前，更是关乎孩子们一生的追求和乐趣。

我们在课程开设的过程中，遇到的最大问题就是教材的选取。天文学是实用性很强的基础课，既有知识的系统性，又有很强的生活娱乐性。怎样把握课程的难易，怎样取舍浩如烟海的天文学内容，经过多年的实践，我们这里为全国的青少年，为全国准备开设天文学课程的机构做一些尝试。

我们编写的系列教材，分 4 个层次，可以按年龄分层，也可以按学生所具有的天文学知识基础分层。

萌芽班，最低可以从幼儿园大班的孩子开始，直到成年人。我们的要求是，只要你想开始学习天文学，对周围的世界、对宇宙、对天体感兴趣就可以。当然，

我们针对的是青少年，涉及成人的是以"亲子班"为主。学习的目的只有一个，就是激发学员对天文学的兴趣。课程和教材的内容，以动手的形式为主，可以做个小太阳、带光环的土星或者一个地球加月亮的地月系。间或，我们还会辅助有天象厅和野外认星的课程。

初级班，可以面向小学一、二年级的学生，课程和教材内容还是以动手制作为主。这里，我们就开始强调天文学知识的系统性，简明扼要地引入天文学知识，让喜爱天文学、想继续学习的学生，有一个学习的"索引"。当然，孩子们喜欢的天象厅和野外观星的课程还会继续，而且会逐步增多。

中级班，是一个承上启下的学习阶段，以小学生为主，他们还不具备系统性学习天文学的思维，所以，我们针对一些天文学的重点知识加以拓展。这里的重点知识是经过我们多年的教学实践发现的、学生们最感兴趣的天文学知识，比如，天文学和人类社会，看星星识方向，星座和四季星空，流星和流星雨，极光和彗星，恒星的一生，以及最吸引眼球的宇宙大爆炸、黑洞等。

到了高级班就会发现，他们都是一个个天文学的小天才了。这时候，就需要让他们系统地学习天文学知识了。如天文学研究的对象，学科分支，天文坐标系，回归年、朔望月、儒略日，恒星演化，银河系起源，包括航空航天、人类探索宇宙等。但是，我们还是定性地讲解天文学的知识，至于全面、深入地学习天文学，还是等他们读专业的天文系吧。经过高级班的学习，孩子们参加各个级别的天文科普竞赛，向小伙伴们传播天文学知识，应该是绰绰有余的。

从萌芽班到高级班的 4 册教材，每册都分为 14 节课程，按照一个学期 14 次课程设计。一年中，可开设春季班、暑期班、秋季班。学生们可以循序渐进地自动升级学习。使用我们的教材，可以一同采用我们使用多年的课件，方便教学。如果需要，我们还可以开展合作教学。

最近，我们增加了"暑期观星亲子班"的课程，大受学生和家长的欢迎。今后，我们还会开展更多形式的学习课程，比如，天文夏令营、流星雨观赏团、暑期的天文台学习游览活动等。

青少年是祖国的未来，天文学拓展了人类的知识体系，能够开拓孩子们的眼界，扩大他们的知识面。更重要的是，天文学可以作为你一生的个人爱好，去欣赏！去追求！

作者

2022 年春于富春江畔

目　录

第1章　天文学与人类文明

"以天为鉴"，人类的祖先由于没有任何的历史可借鉴，所以，他们借鉴"天"；"天人合一"，人类的生存需要大自然的风调雨顺，所以，我们要感谢（祭拜）"上天"。

1.1　天上的和地上的

1.1.1　天上也有埃及的大金字塔

埃及金字塔（图1.1）之前称为埃及帝陵，由于它的形状看上去像汉字"金"的样子，所以有了金字塔的译名。

图 1.1　金字塔

金字塔的形状是一个四棱锥形，即四面正三角形。在数学上，四棱锥形是最稳定的形状。它似乎隐含了西方的"土水火风"四元素学说，和我们民族的青龙白虎朱雀玄武四象学说不谋而合。金字塔的俯视图是一个四边形，每条边分别正对着东南西北四个方位；塔尖指向天顶，加上东南西北四方，正好对应了金木水火土五行。

金字塔宏伟、壮观，顶天立地。一般人们看到它们可能首先想到的是劳工劳作的辛苦，进一步又奇怪那些巨石是怎样被运输和堆砌起来的。历史学家想到的是金字塔为什么是这样的造型和结构，建造它们的价值和意义何在。我们这里要讨论的是，金字塔的建造和存在所体现出来的天文学意义，以及古埃及人尊敬天、效仿天，想通达天地的思维。

1. 金字塔是埃及法老的"登天"之所

统治埃及的法老认为自己不是人，是神，是上天安排下来统治埃及的。他们的"肉身"死亡之后，灵魂会回到天上，经过再造可以重回人间，而金字塔就是为他们建造的"登天"之所，指引着他们的升天之路。

《金字塔铭文》中记载："天空把自己的光芒伸向你，以便你可以去到天上，犹如'拉'的眼睛一样。""拉"是古埃及的创世之神，掌管太阳的神。古埃及有一个与我国盘古开天相似的神话传说：在遥远的史前时期，天地一片混沌。"拉"决定开辟这个世界，创造了"休"，一个空间之神，然后让"休"去开天辟地，并把"休"新开辟的世界命名为 mood（有神赐的意思）。"拉"将一片干涸的大地改造为适合人类生存的土壤，从此，埃及文明拉开了序幕。

大英博物馆埃及部前任负责人爱德华博士仔细研究了埃及文中"pyramid"（金字塔）一词，认为其中字母"m"代表的意思是"地方"或"工具"，而字母"r"的动词的意思是"升天"。也就是说金字塔内在的、更隐秘的、更深层的含义就是"登天之所"。

2. "木乃伊"和"巴"

"木乃伊"和"巴"分别是法老的肉身和灵魂。埃及人十分注重对死亡的认识，有一本历史文献就叫《亡灵书》。它的基本思想是灵魂并不随同肉体一起死亡。古埃及人认为，人死后升天，主要依靠两大要素：一是看得见的人体"木乃伊"；二是看不见的灵魂"巴"。灵魂的形状是长着人头、人手的鸟。人死后，"巴"可以自由飞离尸体，但尸体依然是"巴"存在的基础。为此，要为亡者举行一系列名目繁多的复杂仪式，使他的各个器官重新发挥作用，使木乃伊能够复活，继续在来世生活。而在来世生活，需要有坚固的居住地。古王国时的金字塔和中王国、新王国时期在山坡挖掘的墓室，都是亡灵永久生活的住地。

古埃及人认为今世的欢乐是短暂的，死后的极乐世界才是他们的终极追求，

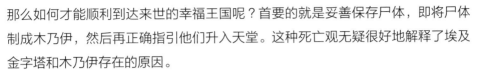

那么如何才能顺利到达来世的幸福王国呢？首要的就是妥善保存尸体，即将尸体制成木乃伊，然后再正确指引他们升入天堂。这种死亡观无疑很好地解释了埃及金字塔和木乃伊存在的原因。

此外，法老将坟墓建成角锥体的形式（即如今金字塔的形式）也是因为古埃及人的一种观念：国王死后要成为神，他的灵魂要升天，而金字塔就是他们通往天堂的天梯。角锥体的金字塔形状表示对太阳神的崇拜，因为"拉"的标志就是太阳的光芒。金字塔象征的就是刺向青天的太阳光芒。古代埃及人对方尖碑的崇拜也存有这个含义，因为方尖碑也表示太阳的光芒。

古埃及人相信，法老通过金字塔，死而复生就能进入另外一个世界。金字塔又被称作"巨大的眼睛"，因此"犹如拉的眼睛一样"即暗示了胡夫在复活之后能够目睹未来世界，那么金字塔也就是帮助尚处于远古的人（特指胡夫）在遥远的未来世界中复活的"让人休眠千万年的场所"。此外，在晚于吉萨古建筑群的很多金字塔的内墙上都雕刻着有关死亡和来世的古埃及神话和宗教礼仪的经文，也很好地说明了这点。

3. 金字塔的天文学要素

在埃及，死神阿努比斯掌管着出生、在世、死亡、复活这一伟大的轮回，而天上的猎户座就是他居住的地方，把法老（国王）送到那里，就能让阿努比斯神陪他完成这一轮回。阿努比斯神最小的妹妹也是他妻子的性爱女神伊希斯死后化为了天狼星，而大金字塔中王后墓室引出的一条通道就指向天狼星。

一位比利时的土木工程师发现了天空和吉萨金字塔之间引人瞩目的神秘联系：吉萨三大金字塔相对位置与猎户座的三颗腰带星精确对应，甚至三颗星的亮度都与三座金字塔的高度对应。胡夫金字塔恰好对应着参宿一，哈夫拉金字塔则与参宿二相对应，而门卡乌拉金字塔对应的是参宿三（图 1.2）。它们的位置，相对于另外两个金字塔（构成猎户的两个肩膀）来说，要偏东一点。这正好构成了一幅极其完整的猎户星座构图。同时，沿着它们排列的方向，能很容易地找到天狼星。

大金字塔内部的通道同样表达了天文学的含义：金字塔内四条主要通道分别正对天狼星、猎户座、天龙座 α 和小熊座 β。指向天狼星和猎户座的通道在金字塔建造的年代是精确定位天狼星和猎户座的。另外两个通道指向了当时的北极星天龙座 α 和与岁差修正相关的小熊座 β。也就是天龙座 α 是古埃及人当时认

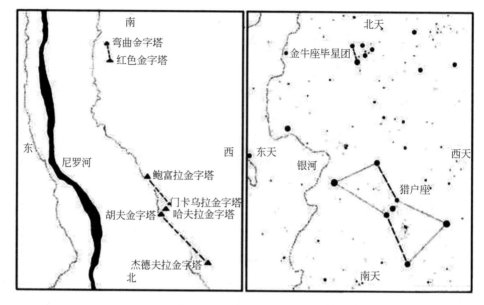

图 1.2　金字塔的排列位置对应天上的星座

猎户座的肩膀和脚下的两颗星，对应着另外两座大金字塔。同时，埃及人认为金牛会引导他们重生，所以弯曲金字塔和红色金字塔指示的是天上的金牛座。

定的北极星，而小熊座 β 在所有亮星中最靠近地轴岁差运动的轴心所指向的北天极。

寻找天狼星的最简易的方法就是通过猎户座的三颗腰带星，把它们的连线指向左下，看到的最亮的星就是天狼星。指向天狼星和猎户座的通道在整个路径上是笔直的，而指向天龙座 α 和小熊座 β 的通道在整个路径上存在弯曲，弯曲意味着两颗星的位置需要经过计算（图 1.3），将观测结果中岁差的影响扣除掉。

天狼星是大犬座第一亮星。一般认为大金字塔落成于距今 4000 多年前。在数千年中，猎户座三颗腰带星的相对位置几乎没有改变。参宿一、参宿二和参宿三完全可以作为寻找天狼星的标志。

埃及人有独立的天狼星历，并将天狼星记入历书。天狼星历和历书对预示尼罗河泛滥和指导农业运作起到了必要的作用。

在公元前 421 年埃及的一本历书中，以天狼星升起为一年的起始（初显为 7 月 19 日），它采用了一种称为天狼星周期的历法概念。所谓天狼星周期，即天狼星再次和太阳在同样的地方升起的周期；在固定的季节中，天狼星自天空中消失，然后在太阳升空天亮以前，再次从东方的天空中升起。这个周期为 365.25 日。

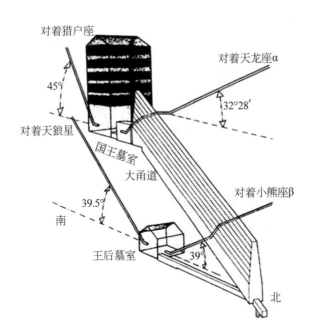

图 1.3　吉萨大金字塔内部通道指向图

天狼星比太阳早升空的那天，定为元旦日。而古埃及人早已计算出元旦日的来临。在金字塔铭文中，天狼星被命名为：新年之名（her name of the new year）。

金字塔铭文中反复提到了"永远的生命"，法老王如果经过再生，从而成为猎户星座的一颗明星后，便获得永生，鲜明地表达了再生的意愿："噢，王哟。你是伟大的明星，猎户星座中的伙伴……从东方的天空中，你升了起来，在恰当的季节获得新生，在恰当的时机获得重生……"

这样看来，猎户星座代表了法老重生的正确地点；而天狼星（偕日升）代表了法老重生的正确时间。

1.1.2　四方五行合一的紫禁城

紫禁城——帝王的宫殿，皇帝生活和工作的地方，当然要最大限度地体现出"上天"的意向，所以把玉皇大帝天上的宫殿（天宫）"映像"到地上来，就是紫禁城。

1. 紫禁城（紫微垣）金水河（银河）

按照中国古代的天象理论，天上有五官（东西南北中），中官居于中间，而

图1.4 天上的三垣

中官又分为三垣(城堡),即上垣太微、中垣紫微、下垣天市。东西南北则由青龙、白虎、朱雀和玄武构成了"护卫"中宫的二十八星宿(图1.4)。

从紫禁城的布局来看,宫城分前朝后寝两大部分,前朝分三大殿,为皇帝听政和举行朝会大典之处,后寝二宫是皇帝居住之处。

天上的皇宫——紫微垣有五帝内座、天皇大帝、尚书、四辅、后宫和御女等星。紫微垣的垣墙由十五颗星组成,分别从左枢、右枢开始,东边八颗星和西边七颗星围成一个城垣,整体位于北斗七星(皇帝出宫巡视的御车)的北方,处在天的中心(图1.5),正是天皇大帝居住的地方。

图1.5 紫微垣

有"天宫"紫禁城,则必有"天河(银河)"金水河。流经紫禁城的金水河,从什刹海引入城，先北上，复东折而南，走势由西北而东南。紫禁城内之水从护城河西北角引入，曲曲弯弯地流经武英殿、太和殿、文渊阁、南三所、东化门等重要建筑和宫门前，既将"生气"导入，又形成风水学中的"水抱"之势。内金水河则从太和殿正中流过，尤其衬托出了"银河"中的"天宫"。

2. 皇家城府里的阴阳五行

中华文明讲阴阳之道，阴阳相交。《易经》中有："立天之道曰阴与阳。"紫禁城的中轴线把北京城分成东西（阴阳）两半：中轴以东属阳，主春、生、文、仁，故有文楼、文华殿、万春亭、仁祥门、崇文门等建筑；以西属阴，主秋、收、武、义，故有武楼、武英殿、千秋亭、遵义门、玄武门等建筑。而且国家官署机构也是以中轴为准，按阴阳布置的：中轴以东设吏、户、礼、兵、工部及鸿胪寺、钦天监等机构，主文属阳；以西设中、左、右、前、后五军都督府及刑部、太常寺、锦衣卫等机构，主武属阴。明清两代考中文状元在长安左门揭皇榜，考中武状元则在长安右门揭皇榜。

过午门、神武门的中轴线又将宫城分为东西阴阳二区。东方是太阳升起的地方，为阳、为木、为春，在"生长化收藏"属生，所以宫城的东部建造了与"阳"有关的建筑。东部某些宫殿是太子所居，文华殿是太子讲学之处，乾隆年间所建的南三所，系皇太子的宫室。西方为阴、为金、为秋，在"生长化收藏"属收，所以宫城的西部建造了与"阴"有关的建筑。如皇后、宫妃居住的寿安宫、寿康宫、慈宁宫都建造在西。皇城东有太庙法阳象天，西设社稷坛法阴象地。天坛在南（属阳），地坛在北（属阴）；天安门在南（属阳），地安门在北（属阴）；乾清宫在南（属阳），坤宁宫在北（属阴）。乾为天，坤为地，故天尊地卑。朝堂之上，文臣列于左，武将位于右，与此相应的文华殿位于左，武英殿位于右。太和殿丹陛上左陈日晷以司天，右置嘉量以量地（图1.6），前者定天文历法，后者定制度量衡，皆左主天道属阳，右主地道属阴，阴阳相合而成一体。

紫禁城由水火木金土五大元素组成，从方位的角度来看，紫禁城的东、南、西、北、中五方位由建筑的名称、色彩及河水来暗示。北方有一座建筑名玄武门，清代康熙时为避讳改名神武门，二者的意思完全相同。在神武门内有两座建筑（东大房和西大房），它们的房顶均为黑色。紫禁城的南方为午门，火的颜色为红色，故午门以红色为主，建筑高大。午门内的五座石桥，其雕刻为火焰状。紫禁城的西方有金水河和武英殿，武英殿之"武"属阴。紫禁城的东方为太子宫所在地文

图 1.6　太和殿广场上的日晷（左）和嘉量（右）

华殿，故太子宫文华殿和太子居住的南三所的屋顶均用绿色瓦。

紫禁城的中央有两大建筑群体即前朝后廷，前朝是太和殿、中和殿和保和殿（图 1.7），后廷是乾清宫、交泰殿和坤宁宫。这两大建筑群体建在象征"土"的"土字形玉石台基"上以表示其中央的地位。中央在五行上属土，土的颜色为黄色，黄色是五行中最尊贵的颜色，故这两大建筑群体屋顶均用黄瓦，表示帝王理政的前朝和燕寝的后廷是天下的中心，意味着帝王是"以土德而王"。

图 1.7　故宫三大殿太和殿、中和殿、保和殿

紫禁城是中国本土文化的产物，它是以"天人合一"的思维建造的，是中国

传统文化的精髓，体现的是宇宙、天地、人文与建筑融为一体。

1.2　天文和古城

在世界各地，古代文明的古城和废墟都反映了深刻而又复杂的天文学知识。

有些文化留下了文字记载，从中可以了解到，天象的周期对这些民族的神灵崇拜仪式来说有多么重要。但是，它们大多蒙上了一层神秘的色彩。英格兰的圆形石林、墨西哥的特奥蒂瓦坎以及埃及、中国古代的建筑遗址都展示出对天象的反映。

对这类遗址所做的科学研究被称为"考古天文学"。因为大多数遗址保留较差，又缺少足够的文献资料，所以许多这样的"天文遗留"一直是待解之谜。

1.2.1　圆形石林

圆形石林（图 1.8）也称巨石阵，位于英格兰的索尔兹伯里平原。有人很早就注意到，圆形石林的排列与仲夏季节的太阳有关。1740 年人们注意到，"在白昼最长的时候，太阳大约从东北方升起"，同时，圆形石林中的灰色巨石恰恰对着那个方向。

图 1.8　英格兰的圆形石林

1901 年，曾经对希腊和埃及神庙内的天文准线做过研究的洛克耶爵士对本国的这一纪念性建筑做了考察。他对仲夏日出的第一道阳光恰好与圆形石林轴线构成准线的时间进行了追溯性计算，以此来确定圆形石林的建筑年代。他的结论是，这一准线出现在公元前2000年至公元前1600年，基本上是目前确定的第三期圆形石林建设期。

到了20世纪60年代，人们开始对圆形石林进行精确的定位研究。天文学家纽汉经仔细测量发现，圆形石林中央的长方形定位石的边缘与关键的日出、日落和月出、月落位置构成准线。

根据随后的研究，纽汉相信圆形石林是一个古代人研究月亮的场所。他估计，圆形石林门前大道发现的桩洞，是用来竖立石柱以标示月球运动的；用来支撑外圈横梁的立石共有30块，其中一块明显细一些，这是用来指示太阴月有29.5天的。差不多与纽汉同时，美国的天文学家霍金斯也开始了他的研究。他利用圆形石林周围的其他标志找到了更多的准线。他证明围绕圆形石林内侧壕沟中的56个小坑是用来确定月食的，同一次月食再次出现的周期就是56年。

霍金斯利用他的考察结果写出了《圆形石林解码》一书，引起了很大的轰动，它不仅激发了公众的想象力，而且为利用计算机技术进行考古研究做出了开创性的贡献。

现代的研究证明，圆形石林的主要作用是观测、定位月球运动，研究日出、日落等天文现象，并开展祭祀活动。

1.2.2　马丘比丘

马丘比丘（图1.9），它的壮观遗址位于秘鲁库斯科省西北75千米。这座印加城堡建于安第斯山区一座2350米的高山上，因而未被西班牙人发现。该遗址有多处梯田、石砌房屋、神庙、广场，住宅区位于马丘比丘峰和华伊纳比丘峰之间的一条山脊上。有一条300多级的台阶可以上下。

马丘比丘中与天文学有关的元素包括"栓日石"和神庙两处。印加人祭奠太阳神的节日印蒂雷米（印蒂是太阳神）是在冬至（在南半球是6月21日），举办祭奠仪式的目的是把太阳栓住，以不让它再回到北边。他们是用一个叫作"印蒂华纳"的物件去栓住太阳。西班牙人毁掉了大部分"印蒂华纳"。现存于一个山顶上的印蒂华纳是由一块完整的花岗岩凿成的。它包括一根30厘米高的立柱和一个不对称的平台，以及若干个平面、侧面、凹槽和凸面等。据推测，它的作用类似圭表。位于马丘比丘太阳神庙，它的东墙是弯曲状的，两扇窗子分别面向北

图 1.9 位于深山中的马丘比丘

面和东面。每年 6 月南半球冬至日时，神奇的景象就会发生——太阳通过两扇窗口直射到神殿中央一块大的花岗岩，投影的位置恰好在岩石中央，太阳、窗户与花岗岩三点一线。有学者推测这块花岗岩起着印加日历的作用。

1.2.3 特奥蒂瓦坎

特奥蒂瓦坎（图 1.10）位于今墨西哥城东北约 48 千米处，创建于 1 世纪，是一个庞大的都市和礼仪中心，其文明在 350—650 年间处于盛期。城内有神庙、圣殿、广场、住所和工场，十分繁荣。在 8 世纪该城市毁于一场大火。

没有人知道特奥蒂瓦坎的建造者是谁。在阿兹特克帝国之前的 1000 余年内，这个宗教和经济中心在墨西哥河谷占据着统治地位。阿兹特克人发现并命名了特奥蒂瓦坎，即"众神的诞生地"，他们认为它是所有文明的发源地。俯视特奥蒂瓦坎的大、小金字塔就是献给太阳神和月亮神的。

特奥蒂瓦坎基本上由 4 个部分组成，但该城的准线并没有指向 4 个基本方向，而是有朝向正北偏东 15.5° 的偏差，是古人们测量错误？经过研究发现答案竟在地下，也就是太阳金字塔下，而 15.5° 就是太阳偏转与宇宙（银河系）的方向。专家发现太阳金字塔下有一个洞穴，而洞穴明显是作为宗教活动用的。从平面图

图 1.10　墨西哥的特奥蒂瓦坎

看洞穴呈四叶形，在中北美洲许多部族认为这就是宇宙的形状。

而洞穴的通道恰好指向昴星团下落的方向，而昴星团对于古代中北美洲人有着重要的象征意义。每当昴星团与太阳偕日升时，当天的正午，太阳的影子会消失。人们认为这一天太阳对地球做了个短暂的访问，所以是极其重要的一天。当然，也指示了季节变化。

实际上，当时的人并不是不知道基本方位，在城市的许多地方，专家们发现了许多的雕刻十字"基准"，它们告诉你正南、正北。

1.3　现代天文学的起源

现代天文学可以说是从哥白尼的"日心说"开始的，我们梳理一下哥白尼日心体系的发展进程，就能体会到天文学的发展是如何体现天地人的和谐的。

1.3.1　哥白尼的"日心说"

哥白尼，波兰天文学家，"日心说"理论的创始人。

哥白尼 10 岁时父亲去世了，身为教会主教的舅父收留了他。他 18 岁进入大学学习文学和天文学，当时天文学的学习内容，几乎是包罗万象的，有几何、代数、占星和天文宇宙学等。当时的哥白尼对天文学产生了极大的兴趣，而且他的数学成绩很好。大学毕业后，他又去意大利留学10年，那个时期的意大利是文艺复兴的中心，人才济济。哥白尼在博洛尼亚大学专注于天文学的学习，1497年3月9日记录了他平生第一次天文观测。其后他在罗马教授数学，回国后就被任命为弗洛恩堡教堂的一位教士。拥有这种职位，就可以终生享有充足的生活费，因此，哥白尼过着衣食无忧的生活，有充分的时间从事天文学的研究。1513年3月31日，他在教堂里建成了一座小型的天文台，并设计了三架天文仪器。

哥白尼有数学根底又有着对天文学的极度热爱。在他留学期间，文艺复兴的"春风"已经促使意大利以及其他国家的许多学者，在汲取古希腊思想源泉的基础上，在自由的氛围里对当时诸多僵化学说和制度提出批评和挑战。在天文学领域，托勒密的地心说就自然而然地成了被批评和挑战的对象。

哥白尼在思想上倾向于毕达哥拉斯学派，信仰柏拉图的完美主义，追求数学、天文学上的简单性和完美性。哥白尼认为托勒密太过复杂的体系是"不合格"的，违背了希腊人完美运动的原理，而如果体系（宇宙）的中心不是地球而是太阳，那么对天体运行的描述就可能会简单得多。他在他最早的著作《关于天体运动假说的要释》中指出托勒密的体系对天体位置的预测是有效的，但是它违背了希腊天文学和哲学中完美运动的原理。他说道："我注意到了这一点，于是就常常想，能不能找到这些圆的一种更合理的组合，用它可以解释一切明显的不均匀性，并且如同完美运动原理所要求的，每个运动本身都是均匀的。"由此可见，哥白尼最初的用心只是想到了事物的完美和理论的不协调，并不是真的想要引发一场天文学的革命。

1.3.2　柏拉图的完美和托勒密的不完备

直觉告诉我们，所有的天体都围绕着地球旋转，作为宇宙的中心，地球是静止不动的。在古代，人类只能"坐井观天"地去体会和赞美宇宙，想认识宇宙的真面目是心有余而力不足。

Cosmos（宇宙）一词，是由古希腊的数学家毕达哥拉斯创造的，原意为"一个和谐而有规律的体系"。毕达哥拉斯学派认为，天文学的目的，首先是追求宇宙的和谐，而不是狭义地去拟合观测。因此，对于古希腊的科学家来说，天文学

的目的是揭示宇宙的奥秘。构建模型、解释现象，要比追求实用、迎合世俗的价值观更加重要。在他们的心目中，科学一定是美的，作为宇宙论的一个基本特征，和谐与简单，就是这种美学的最高标准。这种科学观，最终形成了绵延持久的学术传统，对西方科学的发展产生了极为深远的影响。

你可能会问，难道他们不想去实际地观察宇宙、认识宇宙吗？当然想！那是人类一直的梦想。只是手段和认识能力不足而已。那就瞎猜？实际上，心理学和社会学的研究告诉我们，人对于未知的东西，更可能产生的情感和思维就是畏惧或者赞美。

所以，当时科学界的"大神"柏拉图才会这样描述天体运行所应该采用的轨道：宇宙的本质是和谐的，而和谐的体系应当是绝对完美的，由于圆是最完美的形状，因此，所有天体运动的轨道都应该是圆形的。按照这种假说，柏拉图提出了一种同心球宇宙模型，在这个模型中，月亮、太阳、水星、金星、火星、木星、土星依次在以地球为中心的固定的球面上作圆周运动。

这个模型被提出后，很快就遭到人们的质疑。因为，行星在天空中时而顺行、时而逆行，凭直觉就可以判定，它们的运动轨迹看起来显然不是一个圆周。对此，柏拉图认为，行星运动所表现出来的这些现象是表面的、个别的，并不能够证明宇宙遵循"和谐"这个理性主义的美学原则错了。为了对付这些异常，他发起了一场所谓的"拯救现象"运动，试图继续用同心球模型来解释行星逆行之类的异常现象。

在缓解古希腊第一次数学危机中扮演了重要角色的几何学家欧多克斯加入了"拯救现象"的运动，他在柏拉图同心球理论的基础上，针对日月五星的视运动轨迹，每个都设计了按不同的速度、绕不同的轴旋转的同心球。但是，日月五星运动的不均匀性现象，在欧多克斯的同心球模型中还是不能够反映出来。有人就对日月五星分别增加了一层天球，使整个模型中同心球的数目达到34个，甚至更多。

柏拉图的学生亚里士多德在欧多克斯的同心球理论的基础上，又提出了所谓的水晶球体系（图1.11）。这个模型修正了柏拉图同心球体系中天体的排列次序，调整了太阳与内行星（水星和金星）的位置，地球之外，依次为：月亮天、水星天、金星天、太阳天、火星天、木星天、土星天、固定恒星球天。

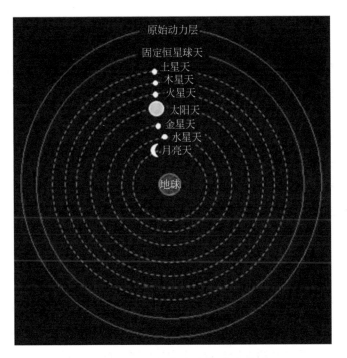

原始动力层

固定恒星球天

土星天

木星天

火星天

太阳天

金星天

水星天

月亮天

地球

图 1.11　亚里士多德的水晶球体系

　　在亚里士多德的宇宙论中，有两条基本假设：第一，地球是宇宙的中心，是绝对静止不动的；第二，天体运动必须符合统一的圆周运动。这二条，在欧多克斯的同心球模型提出来后，基本上可以确立了。

　　这样的模型虽然复杂一些，但是不失"和谐"，可以解释行星的"怪异"运动。可是，不久人们便发现，行星（特别是金星、火星）的亮度会发生周期性的变化，而对于这个现象，亚里士多德修改欧多克斯的同心球模型却无法解释，因为按照同心球理论，行星到地球的距离始终是一样的，不应该产生亮度的变化。

　　那么，行星的亮度为什么会发生变化呢？这个问题成为亚里士多德之后的一些学者关注的焦点。以研究圆锥曲线著称的阿波隆尼认为，行星并不是直接绕地球作圆周运动，因此，行星与地球的距离并不总是相等的，而是有时远、有时近。当行星离地球较远的时候，看起来较暗，当行星离地球较近的时候，看起来较亮。为了说明他的想法，阿波隆尼提出了最早的"本轮－均轮"模型。设计两个圆周运动的合成，它们共同画出的轨迹，就是我们看到的行星运行的真实路径。

在亚里士多德之后的近 500 年中，古希腊的数理天文学基本上只重视对宇宙模型的构建与修改，并不太关心这些宇宙模型对具体的天体运动的计算精度。实际上，各种模型的提出和改进，都是为了提高它的解释功能，所以在很大程度上，忽视了计算上的精度。因此，这些模型，虽然可以很简明地演示天体的运动，但是，都不具备历法意义上和计算天体运行工作中的实用性。这种状况，在公元 150 年，被伟大的天文学家托勒密进行了根本性的改变，这一年，他出版了一部天文学著作《天文学大成》。托勒密仔细地研究了前人的成果，特别是阿波隆尼的本轮 – 均轮模型与希帕恰斯的偏心圆模型，在这两种模型的基础上，托勒密构造了一种新的本轮 – 均轮模型。利用这个模型所建立的计算方法，是与当时的天文观测相当吻合的。

1.3.3　完善日心体系的功臣们

1543 年哥白尼的《天体运行论》出版了，在科学界，它和达尔文的《物种起源》以及牛顿的《自然哲学的数学原理》并称为奠基性的三大著作。《天体运行论》的出版，在天文学领域标志着柏拉图对行星进行"完美"几何描述的结束。促使科学家们开始研究行星运动学的问题，更进一步，自然也就产生了行星动力学方面问题的思考，也就是说，是什么原因使得行星特别是地球运动起来的？

哥白尼日心理论的提出是建立在一般性的"公理"之上的。他当时这样讲："当我致力于这个无疑是很困难的而且几乎是无法解决的课题之后，我终于想到了只要能符合某些我们称之为公理的要求，就可以用比以前少的天球和更简单的组合来做到这一点。"

"只要用地球运动这一点就足以解释天上见到的许多种不均匀性了"，因此，托勒密地心说中无法解释的诸多现象，在日心说看来都是可以迎刃而解的，这是日心说得以提出的最重要的原因。

实际上在公元前 3 世纪，希腊学者阿里斯塔克就提出，太阳处于宇宙的中心，地球围绕着太阳旋转，由于他首次提出了日心说，因而被称为"古代的哥白尼"。哥白尼在托勒密学说的基础上，继承了阿里斯塔克的日心说主张，提出了崭新的日心说理论。哥白尼认为：地球是球形的，因此它的自转与公转运动也应当是圆周运动。

在建立和将日心说植入大众信念的过程中有 4 个关键人物功不可没：第一个

是第谷，他的主要贡献在于给出了精确和完备的观测；第二个是开普勒，他将天文学从几何学的应用转换成了物理动力学的计算；第三个是伽利略，他用望远镜揭示了天体隐藏着的真相，并发展了运动的新概念，巩固了哥白尼的主张；第四个是笛卡儿，他构想了一个无限的宇宙，在这个宇宙里没有什么位置和方向是特殊的，太阳只不过是一颗区域性的恒星而已。

1."前无古人后无来者"的第谷

第谷，伟大的天文观测大师。通过一系列的革新和精心的设计，他可以将观测精度控制在1弧分之内，几乎达到了天文目视观测的极限，真正是前无古人。说他后无来者，是因为在他之后的天文学家就不再利用目视观测了。借助于精良的天文仪器（图1.12），他重新对恒星位置进行了测量，系统地测量了太阳运动的各主要参数，修正了大气折射的数值，而且发现了月球运动的一种不均匀性。更重要的是，他为行星运动的研究积累了大量的精密观测数据。

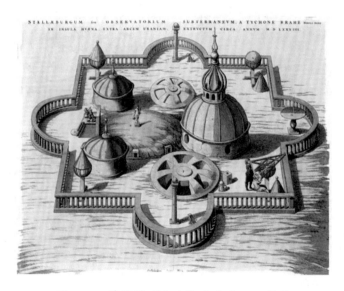

图 1.12　第谷的"私人"天文台——星堡

第谷1546年出生于丹麦一个地位显赫的世袭贵族家庭，13岁进入哥本哈根大学学习法律。通过对1560年8月21日日食的观测，他对天文学产生了极大兴趣。他对日食能够预报这一点印象极深，同时也从预报存在的巨大误差（1天）中意识到，要想获得更加精确的预报就必须有更加精确的天文观测。

1572 年 11 月 11 日晚上，第谷在仙后座发现了一颗"比金星还要亮"的"新星"（图 1.13）。通过系统观测，他发现这颗"新星"的位置相对于恒星背景没有任何变动，根本不是大气层内的变化，而是位于天界，甚至比五大行星的距离更远，这与亚里士多德关于天界永恒的观点完全相反。他请其他人一起来见证自己的发现，并发明"新星"（Stella Nova）一词来描述这颗新发现的天界物体。次年他在哥本哈根出版了《论新星》一书，由此名声大振，并从此走上了职业天文学家的道路。

1577 年 11 月到次年 1 月，他对一颗大彗星进行了详细的观测，包括对其距离以及彗尾（图 1.14）的直径、质量和长度的测算，发现彗尾总是指向远离太阳方向的规律。通过观测，第谷认为该彗星远远位于月球天层以上。这一结果不仅再次对亚里士多德的天界永恒观提出了挑战，而且对第谷的宇宙学思想产生了更加重要的影响。

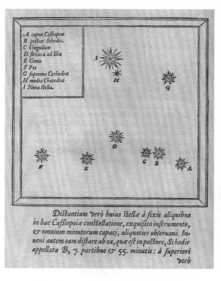

图 1.13　第谷的"超新星"

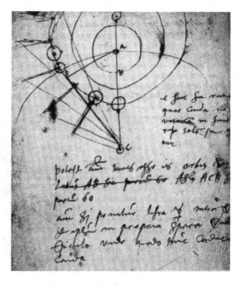

图 1.14　大彗星的数据记录

在宇宙模型方面，第谷是一个"折中"主义者。他遵循天体作匀速圆周运动这一最高法则，赞赏哥白尼对托勒密模型的抛弃。但是，他不完全接受日心地动说，并想到了一种折中方案，也就是所谓的"第谷体系"：让月球与太阳继续围绕地球运动，而让五大行星围绕太阳运行。这样做既延续了日心说在简洁性方面的优势，又避免了该模型在当时所面临的种种诘难。问题是，这样一个模型意味着水星和火星的天球必须与太阳天球相切割。如果承认固体天球的存在，则这种体系在物理上是不可能的。

2. 开普勒创造了太阳系真正的完美

和哥白尼、第谷两人不同，开普勒出身贫寒，还是个早产儿。更不幸的是由于3岁时被传染了天花，不仅损坏了面容，还使得他一只手半残，视力也受到损害。也可能正是由于处世的艰难，他才有了追求科学真理、天体运动的真相的坚强意志。开普勒对天文学的贡献完全可以和哥白尼相媲美。而作为一个科学家，他升华自然现象到科学本质的能力，更是要超过他的"老师"加同事——第谷！

开普勒虽然家境不好，但他还是走完了自己的受教育之路。他最初接受教育的动力是为了摆脱贫困，所以，他在1587年17岁时进入图宾根大学神学院。在进神学院以前，开普勒对天文学并没有多大兴趣，他热衷的是神学，希望日后能当一名牧师，为上帝传播福音。是他的老师和当时流行的日心说引起了他对天文学的兴趣。

1596年，开普勒发表了他的第一本著作《宇宙的奥秘》，并把书寄给了当时天文界的领袖人物第谷。几次通信之后，他们感觉到了彼此的"惺惺相惜"，已经身在布拉格的第谷邀请开普勒来共同工作。他在信中写道："来吧，作为朋友而不是客人，用我的一切一起观察。"

第谷去世后，将他的所有观测资料留给了开普勒。当开普勒用第谷的观测资料研究火星的运动时，发现火星如果真是作圆周运动，那就与第谷的观测资料有8弧分的误差。对一般的观测结果来说，这是一个能够被接受的误差，但开普勒认为对第谷来说，这是一个不能允许的误差，他心里很清楚，第谷的实测误差绝对不会超过2弧分。

火星的运动轨道偏离圆轨道已经很明显，与哥白尼认为行星运动一定是圆周运动的观点矛盾。但开普勒既没有因此怀疑日心说，也没有怀疑第谷的观测资料，而是认为哥白尼日心说里延续自柏拉图的完美的"圆周运动"值得怀疑。于是，开普勒摈弃火星运动轨道是圆周的假说，把它视为卵形。他对火星轨道试验了多种类似卵圆的曲线，花了3年时间才最终确定火星的轨道实际上是椭圆形的。而且发现火星沿椭圆形轨道运动的猜想与观测资料非常一致。经过进一步的研究证明，所有行星运动的轨道都是椭圆形的，太阳在椭圆形的一个焦点上。这就是开普勒的行星运动第一定律。

在确定行星沿椭圆形轨道运动后，开普勒迫切想了解：为什么行星偏爱椭圆形运动？行星运动的原因是什么？这促使他又证实，行星在椭圆形轨道上，当离太阳近时行星运动快，离太阳远时行星运动慢。这样，开普勒又抛弃了星体作神圣的匀速运动的理论。去计算、找寻行星运动在椭圆形轨道上所遵循的规律。这个规律就是开普勒第二定律：太阳到行星的半径在相等的时间内扫过相等的面积。

之后的 10 年里，他继续观察行星运动和分析第谷的观察资料。1618 年 5 月，开普勒终于发现了行星运动第三定律：各个行星运动周期的平方与各自离太阳的平均距离的立方成正比。

可以说，开普勒既完善了哥白尼的学说，又破坏了哥白尼的学说。哥白尼所寻求的满足几何简单性要求的行星系统，开普勒用一种圆锥曲线就解决了，把那些复杂的本轮、偏心轮统统淹没在椭圆的简单性之中；而开普勒对于火星研究总结出的行星定律，又把哥白尼一直推崇的完美的"几何天文学"引导到了物理学的模型和计算上。最重要的是开普勒行星定律奠定了牛顿力学及天体力学的基础。

开普勒最终也完成了和第谷一起创制的《鲁道夫星表》。基于第谷的观察和开普勒的理论的星表，证明了开普勒行星定律的正确。利用《鲁道夫星表》观测 1631 年的水星凌日时，精度提高了 10 倍。

3. 伽利略的天文望远镜和运动新定义

伽利略，意大利物理学家、天文学家和哲学家，近代实验科学的先驱者。他改进了望远镜，支持了日心说。人们这样评价："哥伦布发现了新大陆，伽利略发现了新宇宙。"可见他的伟大程度。

1564 年 2 月 15 日伽利略出生于意大利西部海岸的比萨城，出身于没落的名门贵族家庭。父亲是一位音乐家，精通希腊文和拉丁文，对数学也颇有造诣。因此，伽利略从小受到了良好的家庭教育。伽利略在十二岁时，进入佛罗伦萨附近的瓦洛姆布洛萨修道院接受古典教育。十七岁时，他进入比萨大学学医，同时潜心钻研物理学和数学。由于家庭经济困难，伽利略没有拿到毕业证书，便离开了比萨大学。在艰苦的环境下，他仍坚持科学研究，攻读了欧几里得和阿基米德的许多著作，做了许多实验，并发表了许多有影响的论文，从而受到当时学术界的高度重视，被誉为"当代的阿基米德"。

伽利略在 25 岁时被比萨大学聘请为数学教授。两年后，伽利略因为著名的比萨斜塔实验，触怒教会，失去了这份工作。伽利略离开比萨大学后，于 1592

年去威尼斯的帕多瓦大学任教，一直到 1610 年。这段时期是伽利略从事科学研究的黄金时期。在这里，他在力学、天文学等方面都取得了累累硕果。

伽利略的研究在两个层面上对哥白尼学说起到了支撑的作用。第一个是他通过天文观测，证实了哥白尼的学说；第二个层面是他关于运动的重新评价，反驳了对地动说的经典驳难，从物理原理上支持了哥白尼。

1609 年，伽利略听说荷兰人发明了望远镜，马上想到了利用望远镜观测天体的可能性，并立即动手制作、进行观测（图 1.15）。他说道："同肉眼所见相比，它们几乎大了一千倍。"他看见了月球表面的"坑"，知道了天体并非像希腊人描述得那么完美；他看到了比肉眼观察到的要多得多的恒星，而它们并不像行星一样视圆面会被放大，说明它们离地球很远，真的可能像第谷驳斥哥白尼时所说的那样，恒星距离地球比原来要远了 700 多倍，甚至更多，这对哥白尼当然是好消息！

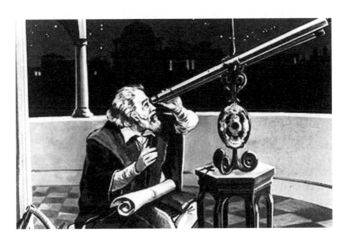

图 1.15　伽利略制造了第一台折射式天文望远镜

1610 年，当伽利略用望远镜观察木星时，发现木星位于三颗小星星的中间，而这三颗小星星令人惊奇地排成了一条直线。那天是 1 月 7 日，而他在 1 月 13 日再度观察它们时，小星星已经不是三颗，而是四颗，而且从它们的位置变化判断，它们是在围绕着木星公转。就像行星围绕着太阳，月亮围绕着地球一样。四颗卫星可以围绕着木星（公）转，如果是这样，那哥白尼构想的行星体系当然也就可以围绕着太阳（公）转了。这一事实，支持了哥白尼提出的宇宙没有唯一的绕转中心的猜想。

　　当时，哥白尼的地动学说还面临着这样的驳难：如果说地球在自转的同时还在绕日公转，为什么我们完全感觉不到这种运动？一支箭垂直射向空中，为什么又落回到原地？因为按照亚里士多德的论证，地面上的物体除了寻找其固有位置的自然运动之外，别的运动都需要外力。如果地面从西往东在移动，那么垂直落下的箭因为没有横向的作用力，势必要落到偏向西面的地方。然而事实并非如此，所以地球在箭飞行的时间内是没有移动的。

　　面对这一驳难，伽利略采取了釜底抽薪的策略，也就是重新评价（定义）运动的概念。对亚里士多德来说，非自然的强迫运动需要一个原因，因此需要一个解释；而静止是不需要原因的。伽利略关于运动的观点告诉我们：并不是运动本身需要原因，而是运动的变化需要原因。稳定的运动包括静止这种特例是一种状态（惯性），保持这种状态会感觉不到运动。这就是为什么地球上的人在地球绕太阳转动的时候感觉不到自己的运动（速度）。

　　伽利略的那个大船的故事我们都听过很多遍了，现在我们从图上来看看他是如何描述的（图 1.16）："把你和一些朋友关在一条大船下的主仓里，再让你们带几只苍蝇、蝴蝶和其他小飞虫。舱内放一只大水碗，其中放几条鱼；然后挂上一个水瓶，让水一滴一滴地滴到下面的一个宽口罐子里。船停着不动时，你留神观察，小虫都可以等速向舱内各个方向飞行，鱼向各个方向随便游动，水滴滴进下面的罐子中。你把任何东西扔给你的朋友时，只要距离相等，向这一方向不必比另一方向用更多的力，你双脚齐跳，无论向哪个方向跳过的距离都相等。当你仔细地观察这些事情后（虽然当船停止时，事情无疑是这样发生的），再使船以任何速度前进，只要运动是匀速的，也不忽左忽右地摇摆，你将发现，所有上述现象丝

图 1.16　伽利略的大船实验

毫没有变化，你也无法从其中任何一个现象来确定，船是在运动还是停着不动。"

这就是你学的物理学课本中的"伽利略相对性原理"，大约300年之后爱因斯坦的相对论论证了，这一原理也适用于任何封闭系统的电磁现象。而在当时，这一实验结论，无疑起到了论证地球运动的"立碑存正"的作用。

4. 超脱了所有人的笛卡儿

笛卡儿创立了笛卡儿坐标系，很多人会想他是一个数学家，其实他可以说是一个物理学家、天文学家，他建立的无限宇宙的涡旋模型几乎统治了整个17世纪，直到牛顿万有引力定律的提出。也许有些人愿意把他看成哲学家，你会想起他著名的"心形曲线"。还有他的名言：

"我思故我在！"

"所有的好书，读起来就像同过去世界上最杰出的人们谈话！"

笛卡儿是一个天才，他提出了坐标系的概念，对光学也有研究，还特别研究了碰撞运动，提出运动中总动量守恒的思想，被认为是动量守恒定律的雏形。他最重要的贡献是打破了依旧禁锢在哥白尼、开普勒和伽利略脑袋里的有限宇宙的概念，提出了无限宇宙的思维。他认为宇宙是一个充满物质的空间，空间的物质运动形成了无数的旋涡。他提出，我们的太阳系就处于这样一个旋涡中，这个旋涡如此之巨大，以至于整个土星轨道相对于整个旋涡来说只不过是一个点。笛卡儿的涡旋宇宙理论是第一个取代固态不变的水晶球模型的宇宙学说，为人们指出了宇宙的可变性和无限性，开拓了人类科学的视野。

🪐 天文小贴士：如果有太空生命，他们会是什么样子？

宇宙如此之大，物种如此复杂、繁多，茫茫宇宙中应该不止有人类这一个智慧物种。这里有一个很有趣的话题，就是如果有太空生命，他们会是什么样子的？

这个话题有点儿棘手，全无头绪、无从谈起。所以，只能是纠合各方言论，来一个各抒己见。

1. 各种推测

推测当然要有依据，依据什么？照猫画虎、依葫芦画瓢，无非如此。不过，我们也不应该忽视人类那无边的想象力。我们相信，最可靠的是"科学的"推测。专家根据宇宙环境和生物学线索，对外星人的"容貌"做出推测——水母、臭虫、

像人类一样、非碳基生命等。

水母　根据地球上的生命如何从海洋中起源的理论推断：外星生物与外星大气的交互方式类似于我们海洋中生物体与水交互作用的方式。外星人可能是海洋型动物。

臭虫　选中臭虫是因为它们是地球上最难以毁灭的生物之一，它们能够在各种极端的条件下存活。

像人类一样　依据达尔文的进化论可以预见，当生物在同样的生物圈而且发生进化时，那么共同的变化就会出现，智力也是如此。

非碳基生命　科学家们发现多细胞生物不需要氧气，这很明显会改变我们对于生命和生命存在方式的一些看法。目前的科学假设认为，非碳基生命能够存活于宇宙，如硅基生命形式，如果这个理论得到证实，那么有可能外星人与地球上的任何生命都不相同。

2. 专家怎么说

首先要提到的就是大名鼎鼎的霍金。霍金提出了"人类千万不要和外星生物接触"的警告，继而向世人展示了他想象中的外太空生物的具体形态。他设想了不同星球的5种外星生物。

火星等类地行星上生活着有两只脚的食草动物。它们能利用吸尘器般的巨型嘴巴从岩石的缝隙中吸食食物（图1.17左）。类地行星上还存在类似蜥蜴的食肉动物，双方偶尔爆发猎食大战。

气态星球吃闪电的水母。土星和木星属于充满氢气和氦气的气态行星。霍金认为，气态星球上可能存在水母状的生物，它们像小型飞船那样飘在气体中，以吸收闪电的能量为生（图1.17右）。

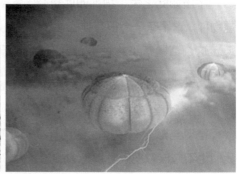

图1.17　霍金想象的外星人

　　液态星球海洋生物似墨鱼会发光。它们存活在冰层下的深海温水区，身体能发出冷光。

　　极寒星球长毛兽可以生活在零下 150 摄氏度环境中。宇宙中外星"游牧民族"是漫游星际的流浪汉，哪儿有能量他们往哪儿去！

　　霍金是自然科学界鼎鼎大名的人物，在科幻小说界阿西莫夫则和他具有同等的地位。毕竟是小说家，他的设想更具体、更形象。

　　从物质环境分析，依据物质存在的基础，外星人可以是：以氟化硅酮为介质的氟化硅酮生物；以硫为介质的氟化硫生物；以水为介质的核酸/蛋白质（以氧为基础的）生物；以氨为介质的核酸/蛋白质（以氮为基础的）生物和以甲烷或氢为介质的类脂化合物生物。

　　外星人可能的基本形态：人型——与人大小一样，非常像人类，有金色的长发和蓝色的眼睛（只考虑欧美人种吗？）；中高型——约 1.8 米高，灰色或褐色的皮肤，杏仁形的眼睛，细瘦的四肢；小灰型——大约 1.3 米高，灰色的皮肤，大而圆的杏仁眼，细瘦的四肢；蜥蜴型——像爬虫类，身上有鳞片，有绿色的眼睛与黄色的瞳孔；螳螂型——外形如昆虫，绿色或灰色（图 1.18）。

图 1.18　阿西莫夫的"作品"中人型和螳螂型的外星人

3. 目击 UFO 的人这样说

　　各国的不明飞行物专家都掌握了一些可靠的有关外星人的目击报告。从这些目击报告来看，外星人大致可分成 4 类：矮人型、蒙古人型、巨爪型、飞翼型。

　　矮人型类人生命体也被我们叫作宇宙侏儒。他们的身高为 0.9~1.35 米。同矮小的身躯相比，他们的脑袋显得很大，前额又高又凸，好像没有耳朵，或者说他们的耳朵太小，目击者很难看清。

蒙古人型类人生命体的身长在 1.20~1.80 米。如果要把他们与地球人相比，他们很像是蒙古人。

巨爪型类人生命体都赤身裸体，身高在 0.60~2.10 米。他们的手臂特别长，同其身躯相比极不相称。手是巨型的大爪子。同矮人型与蒙古人型类人生命体相比，这种巨爪型类人生命体的特点是，具有侵略性，也就是说，他们似乎对地球上的人类有敌意。

飞翼型类人生命体一般身穿紧身上衣连裤服，头戴发磷光头盔，背上有双翼。他们的面孔很像地球人的脸，但双耳又大又长。他们能够腾空飞行。

此外，目击者们还看到过其他类型的类人生命体。有人曾发现过一些不具地球人类外形的智能生物。

第 2 章　时间走走地球转转

在很早以前，人们就通过观察日影的变化，通过身体冷暖的感觉有了季节和年的概念；通过对月亮形状变化规律的认识，有了月的概念。这是历法和时间标准的确立，它们都是经过人类长期的天文观测得来的。就是现在的高科技时代，时间、历法的确定也要通过天文观测。

2.1　大时和小时

1 小时是 60 分钟、3600 秒，最早依据的就是地球自转。大时是什么？大时就是时辰，用十二地支表示为子时、丑时、寅时、卯时、辰时、巳时、午时、未时、申时、酉时、戌时、亥时，是古人根据十二生肖来命名的各个时间段。1 大时（时辰）等于 2 小时。

2.1.1　看"日头"说时辰

不管你是否知晓天文学知识，如果有人问你，在表达时间的词汇中，比如年、月、日，人类最早掌握其规律的是哪个？你一定会回答：是日。天黑了又亮了、天亮了又黑了，人们逐渐掌握了白天与黑夜的变化规律，就出现了"日"；然后是感觉温度变化，看太阳运行就有了"年"；再然后，观测月亮的圆缺有了"月"。

我国古代制定和沿用了自成体系的计时法。常见的主要是天色法与地支法两种。白天看太阳、观日影；夜里由于不能观察天色，所以就采用守漏、击鼓报时（更）的方法，称之为记夜法，属于天色法的延续。天色法早在西周时就已采用。秦末汉初，人们将天象（太阳）与更靠近人类的动物（图 2.1 十二生肖）的活动结合起来，开始用十二地支来表示时间，称为地支法。以夜半二十三点至一点为子时，一至三点为丑时，三至五点为寅时，依次递推。

按照我国的哲学思维和宇宙观，天地（阴阳）相合达成五行（金木水火土）而形成万物。所以，一天内的气象也匹配了它们的五行属性。如早晨太阳升起，植物生长，所以这时辰别名为"木"。到了中午太阳最旺盛，空气中、土地里灼热，所以时辰别名为"火、金"和"火、土"。下午五点到七点最干燥，果实糖分最充足，

图 2.1　十二地支与十二生肖

这时辰别名为"金"。到了深夜十二点，到处一片宁静，这时辰别名为"水"。

地支计时，每个时辰恰好等于现在的两小时，清代又把每个时辰分为先"初"后"正"，使十二时辰变成了二十四段。西方机械钟表传入中国时，人们将中西时点，分别称为"大时"和"小时"。随着钟表的普及，人们将"大时"忘淡，而"小时"沿用至今。

古人说时间，白天与黑夜还有不同，白天说"钟"，黑夜说"更"或"鼓"，有"晨钟暮鼓"之说。古时城镇多设钟鼓楼，晨起（辰时，早上七点）撞钟报时，所以白天说"几点钟"；暮起（酉时，傍晚七点）击鼓报时，故夜晚又说是几鼓天。夜晚说时间也可以用"更"，这是由于巡夜人，边巡行边打击梆子，以点数报时。全夜分五个更，第三更是子时，所以就叫"半夜三更"。

时以下的计量单位为"刻"，一个时辰分作八刻，每刻等于现时的十五分钟。旧小说有"午时三刻开斩"之说，意即，在午时三刻钟（十一点四十五分）时开刀问斩。"午时三刻"太阳的高度角最大，而物体的阴影最小；一般此时的犯人往往是处于"昏昏欲睡"的状态，可能会减轻痛苦；还有据说犯人被砍头后，血会反向太阳喷出，这样血不会喷到站在犯人身后的刽子手身上。

刻以下为"字",有些地区的人会说:"下午三点十个字",其意即"十五点五十分"。"字"是"漏表"上两刻(度)之间的时间间隔。字以下又用细如麦芒的线条来划分,叫作"秒",不同于现在的秒,秒字由"禾"与"少"合成,禾指麦禾,少指细小的芒。秒以下无法划分,只能用"细如蜘蛛丝"来说明,叫作"忽",如"忽然"一词,忽指极短时间,然指变,合在一起意即在极短时间内有了转变。

《摩诃僧只律》卷十七中即有这样的记载:"一刹那者为一念,二十念为一瞬,二十瞬为一弹指,二十弹指为一罗豫,二十罗豫为一须臾,三十须臾为一昼夜。"

民间也有用"一炷香""一盏茶"来计时的。一般认为一盏茶有十分钟,一炷香有五分钟左右。许多词语也可以用来表示时间,时间不大叫作"旋","俄顷""顷之"是一会儿,"食顷"指吃顿饭的时间。"斯须""倏忽"和"须臾"都表示瞬间,"少顷""未几"和"逾时",也是指片刻短时间。

2.1.2 计时工具

"日出而作,日落而息。"我们的祖先把太阳作为最早的"计时器"。

不误农时是农业社会的基本准则,"悬象著明,莫大于日月",每天出没的太阳就成了人们最早的时间标记物。同时人们观察到阳光下树影、房影的移动,就衍生出了"立竿见影"。"一寸光阴一寸金",光阴怎么可以度量呢?不能,但影子可以!

人类最早使用的计时仪器就是利用太阳的射影长短和方向来判断时间的。前者称为圭表,用来测量日中时间、定四季和辨方位;后者称为日晷,用来测量时间。二者统称为太阳钟(图2.2)。

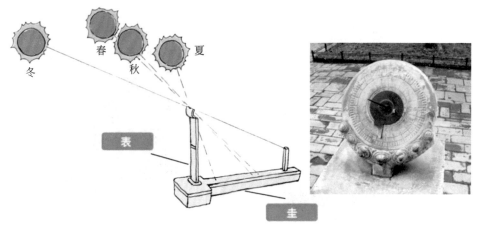

图 2.2 圭表和日晷

圭表 由"圭"和"表"两个部件组成。直立于平地上测日影的标杆和石柱，叫表；置于表北面平放的测定表影长度的刻板，叫圭。在不同季节，太阳的出没方位和正午高度不同，并有周期变化的规律。测量、比较和标定日影的周日、周年变化，可以定方向、测时间划分季节和制定历法。

日晷 又称"日规"，其原理就是利用太阳投射的影子来测定并划分时刻。日晷通常由铜制的指针和石制的圆盘组成。铜制的指针叫作"晷针"，垂直地穿过圆盘中心，起着圭表中标杆的作用，因此，晷针又叫"表"，石制的圆盘叫作"晷面"，安放在石台上，呈南高北低，使晷面平行于天赤道面，这样，晷针指向的就是北天极和南天极。在晷面的正反两面刻画出 12 个大格，每个大格代表两个小时。当太阳光照在日晷上时，晷针的影子就会投向晷面，太阳由东向西移动，投向晷面的晷针影子也慢慢地由西向东移动（所谓顺时针，就是这样来的）。由于从春分到秋分期间，太阳总是在天赤道的北侧运行，因此，晷针的影子投向晷面上方；从秋分到春分期间，太阳在天赤道的南侧运行，因此，晷针的影子投向晷面的下方。

太阳钟在阴天或夜间就失去效用。为此人们又发明了漏壶和沙漏、油灯钟和蜡烛钟等计时仪器。我国古代应用机械原理设计的计时器主要有两大类：一类利用流体流动计时，有刻漏和后来出现的沙漏；一类采用机械传动结构计时，有浑天仪、水运仪象台等。

刻漏 又称漏刻、漏壶（图 2.3）。漏壶主要有泄水型和受水型两类。早期的刻漏多为泄水型。水从漏壶底端流泄，使浮在漏壶水面上的漏箭随水面下降，由漏箭上的刻度指示时间。后来创造出受水型，水从漏壶以恒定的流量注入受水壶，浮在受水壶水面上的漏箭随水面上升指示时间，提高了计时精度。

图 2.3　我国出土最早的刻漏和多层漏壶计时器

水温和空气湿度会影响刻漏计时的精
度。刻漏的度数会因干、湿、冷、暖而异，
在白天和夜间需要分别参照日晷和星宿核对。

刻漏的最早记载见于《周礼》。已出土
的文物中最古老的刻漏是西汉遗物，共 3 件，
均为泄水型。

计时工具中最有名的当属东汉张衡发明
的浑天仪和宋代苏颂制造的水运仪象台。

浑天仪　浑天仪（图 2.4）是张衡发明
的。浑天仪是一个直径约 1.6 米的空心球，
上面绘有二十八星宿、中外星官以及互成 24
度角的黄道和赤道，黄道上还标明二十四节

图 2.4　浑天仪

气的名称。紧附于天球外的有地平环和子午环等。天体半露于地平环之上，半隐
于地平环之下。天轴则支架在子午环上，其北极高出地平环 36 度，天球可绕天
轴转动，这就是浑天仪的外部结构，它形象地表达了浑天思想。

张衡还利用中国古代机械工程技术的发展，把计量时间用的漏壶与浑象仪联
系起来，即利用漏壶的等时性，以漏壶流出的水为原动力，再通过浑象内部装置
的齿轮系统等传动和控制设备，使浑象仪每天均匀地绕天轴旋转一周，从而达到
自动地、接近正确地演示天象的目的。此外水运浑象还带动一个称作"瑞轮冥荚"
的巧妙仪器，制成机械日历。"瑞轮冥荚"就像是一个水车，有 24 个水斗，推动
浑象仪一天 24 小时转动一周（图 2.5）。

图 2.5　浑象仪（天球仪）和瑞轮冥荚

图 2.6　水运仪象台

水运仪象台（图 2.6）　宋代科学家苏颂于 1088 年制成。在机械结构方面，采用了民间使用的水车、筒车、桔槔、凸轮和天平秤杆等机械原理，把观测、演示和报时设备集中起来，组成了一个整体，成为一部自动化的天文台。

水运仪象台是一座底为正方形、下宽上窄的木结构建筑，高度约 12 米，底宽大约 7 米，共分为 3 层。上层是一个露天的平台，设有浑仪一座，用龙柱支持，下面有水槽以定水平。浑仪上面覆盖有木板屋顶，为了便于观测，屋顶可以随意开闭。中层是一间没有窗户的"密室"，里面放置浑象。天球的一半隐没在"地平"之下，另一半露在"地平"的上面，靠机轮带动旋转，一昼夜转动一圈，真实地再现了星辰的起落等天象的变化。

下层设有向南打开的大门，门里装置有五层木阁，木阁后面是机械传动系统。第一层木阁又名"正衙钟鼓楼"，负责全台的标准报时；第二层木阁可以报告十二个时辰的时初、时正名称，相当于现代时钟的时针表盘；第三层木阁专刻报的时间；第四层木阁报告晚上的时刻；第五层木阁装置报告昏、晓、日出以及几更几筹等详细情况。整个机械轮系的运转依靠水的恒定流量，推动水轮作不间歇的运动，带动仪器转动，因而命名为"水运仪象台"。

还有一些"因地制宜"的计时器，都很巧妙实用。

碑漏　碑漏（图 2.7）属辊弹漏刻的一种。在一个高、宽各 2 尺（1 尺 =3.33厘米）的屏风上，贴着"之"字形竹管。有 10 个约半两（1 两 =50 克）重的铜弹丸，计时者从竹管顶端投入铜弹丸，在底部有铜莲花形的容器，弹丸落入后砰然发声，这时再投入 1 丸，如此往复，据此计时。

香漏　知识改变命运一事古今皆同，因而寒门子弟萤窗雪案，暮史朝经，以求取功名。《南汇县续志》中记载：明末时，南汇县有一叶姓的寒门寡母教子读书，又恐幼子过于劳累，"尝以线香，按定尺寸，系钱于上。每晚读，则以火熏香，承以铜盘。烧至系钱处，则线断钱落盘中，锵然有声，以验时之早晚，谓之香漏（图2.8）。"也就是说，这种装置除却目视，通过耳闻亦可知时刻，是一种简易的自动报时工具。

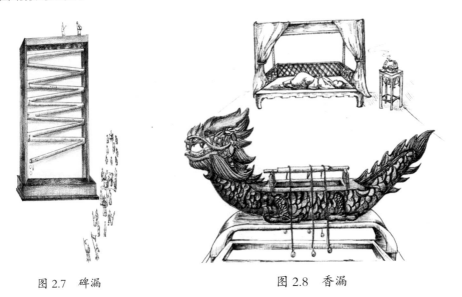

图 2.7　碑漏　　　　　　　　　　　　　　图 2.8　香漏

秤漏　秤漏（图 2.9）是一种官方使用的，供全城或全军营人使用的报时、守时装置。配圭表以校准，置于谯楼之上，并设有专人轮值测时、报时，通过钟铮、鼓、角等设备将时间播送至全城。

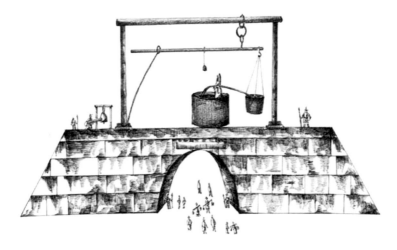

图 2.9　秤漏

田漏　每年四月上旬，谷苗尚嫩，野草遍布，耕耘的人们就全部出动。几十上百人为一曹，安置一个田漏（图 2.10），用击鼓的方法指挥群众。具体为选两个德高望重的人，一人敲鼓发布号令，一人看钟漏掌握时间。歇晌吃饭，出工收工，都听从此二人指挥。鼓声响了还没到，或者到了却不努力劳作，都要受到责罚。到了七月中旬，稻谷成熟而杂草衰败的时候，就把鼓、漏收回。

图 2.10　田漏

2.1.3　区时、世界时、原子时、协调时

现在的计时手段和工具，不仅体现了计时的作用，更具备了研究、装饰等功能。时间的确定和发布，也采用了天文台精确的原子钟和包括卫星、电视、无线电通信等的时间发布系统，称之为授时系统。

最早以太阳的东升西落作为时间标准，精度以小时计；公元前 2 世纪，人们发明地平日晷，一天差 15 分钟；1000 多年前的希腊和我国的北宋时期出现水钟，精确到每日 10 分钟误差；600 多年前，机械钟问世，并将昼夜分为 24 小时；到了 17 世纪，单摆用于机械钟，使计时精度提高近 100 倍；到了 20 世纪 30 年代，石英晶体振荡器出现，对于精密的石英钟，300 年只差 1 秒。

1. 区时　世界时

平常，我们在钟表上所看到的"几点几分"，习惯上就称为"时间"，但严格说来应当称为"时刻"。某一地区具体的时刻，与该地区的地理坐标存在一定关系。

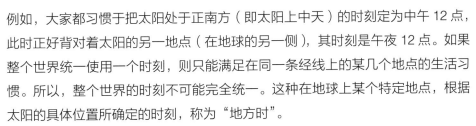

例如，大家都习惯于把太阳处于正南方（即太阳上中天）的时刻定为中午 12 点，此时正好背对着太阳的另一地点（在地球的另一侧），其时刻是午夜 12 点。如果整个世界统一使用一个时刻，则只能满足在同一条经线上的某几个地点的生活习惯。所以，整个世界的时刻不可能完全统一。这种在地球上某个特定地点，根据太阳的具体位置所确定的时刻，称为"地方时"。

1879 年，加拿大的伏列明提出了"区时"的概念。这个建议在 1884 年的一次国际会议上得到认同，称之为"区时系统"。它规定，地球上每 15° 经度范围作为一个时区（即太阳 1 小时内走过的经度）。这样，整个地球的表面就被划分为 24 个时区。各时区以其"中央经线"为准，在每条中央经线东西两侧各 7.5° 范围内的所有地点，一律使用该中央经线的时刻作为标准时刻。相邻时区间的时差恰好为 1 小时，方便各不同时区间的时刻进行换算。

规定了区时系统，还存在一个问题：假如你由西向东周游世界，每跨越一个时区，就需要把你的表向前拨 1 小时，这样当你跨越 24 个时区回到原地后，你的表也刚好向前拨了 24 小时，也就是第二天的同一钟点了；相反，当你由东向西周游世界一圈后，你的表指示的就是前一天的同一钟点。为了避免这种"日期错乱"现象，国际上统一规定 180° 经线为"国际日期变更线"，它设在了人口稀少的太平洋上。当你由西向东跨越国际日期变更线时，必须在你的计时系统中减去一天；反之，由东向西跨越国际日期变更线，就必须加上一天。

2. 原子时　协调时

原子时是一种以原子谐振周期为标准，并对它进行连续计数的时标。同世界时相比，原子时要均匀得多。时标的始点定在 1958 年 1 月 1 日的 0 时 0 分 0 秒。有分布于世界各国研究所的数百台铯原子钟为国际原子时提供数据，在这些数据的基础上，国际时间局应用一种加权平均的方法算出国际原子时。在我国，中国计量科学研究院、上海天文台、陕西天文台以及台湾电信研究所均各自建立了原子时，每月向国际时间局报告数据，并同其他国家研究所的数据一块发表在国际时间局的月报及年报上。

世界时和原子时都是独立的时标，它们各有自己的使用范围。也各自有各自的优缺点。为了调和需要，产生了"协调世界时"的时标。协调世界时是通过闰秒的办法（跳秒，年中或年末加减秒数）使它的时刻接近世界时。协调世界时自 1972 年 1 月 1 日起在全世界实施。

目前，全球已经进行了 27 次闰秒（跳秒），均为正闰秒。最近一次闰秒在北京时间 2017 年 1 月 1 日 7 时 59 分 59 秒（时钟显示 07：59：60）出现。这也是 21 世纪的第五次闰秒。

如果不增加闰秒会有什么影响呢？按照世界时与原子时之间时差的累积速度来看（43 年减慢了 25 秒），大概在七八千年后，太阳升起的时间可能就会与现在相差 2 小时，本来中午 12 点太阳当头照，而七八千年后就要下午 2 点太阳才当头照了。

2.2 儒略日 朔望月 回归年

人们最早是利用地球自转作为计量时间的基准。自 20 世纪以来，由于天文观测技术的发展，人们发现地球自转是不均匀的。1967 年国际上开始建立比地球自转更为精确和稳定的原子时。由于原子时的建立和采用，地球自转中的各种变化相继被发现。天文学家已经知道地球自转速度存在长期减慢、不规则变化和周期性变化等特性。

2.2.1 地球自转 不均匀的一天

地球存在绕自转轴自西向东的自转，平均角速度为每小时转动 15°。在地球赤道上，自转的线速度是每秒 465 米。天空中各种天体东升西落的现象都是地球自转的反映。但地球自转并不"老实"。

通过对月球、太阳和行星的观测资料和对月食、日食资料的分析，以及通过对古珊瑚化石的研究，可以得出有史以来地球自转的情况。在 6 亿多年前，地球上一年大约有 424 天，表明那时地球自转速率比现在快得多。在 4 亿年前，一年有约 400 天，2.8 亿年前为 390 天。

研究表明，每经过 100 年，地球自转长期减慢近 2 毫秒（1 毫秒 = 千分之一秒），它主要是由潮汐摩擦引起的。除潮汐摩擦原因外，地球半径的可能变化、地球内部地核和地幔的耦合、地球表面物质分布的改变等也会引起地球自转长期变化。

地球自转速度除上述长期减慢外，还存在着时快时慢的不规则变化和周期性变化。周期性变化主要包括年周期、月周期、半月周期以及近周日和半周日等。年周期变化，表现为春天地球自转变慢，秋天地球自转加快，主要由风的季节性变化引起。半年变化主要由太阳潮汐作用引起。月周期和半月周期变化是由月亮潮汐力引起的。地球自转周日和半周日变化主要是由月亮的周日、半周日潮汐作用引起的。

2.2.2　月圆月缺谈谈"月"

除去光芒四射的太阳，天空中最引人瞩目的就是月亮。月圆月缺，云中出没，即规律又神秘。月亮是离我们最近、看得也最清楚的天体；月亮有明显的规律性形状变化（月相），人们利用月相的规律来编制历法。

制定"月"的基本原则是月亮绕地球公转的一个周期——月圆、月缺、月圆。"年"的制定是地球绕太阳公转的回归，叫"回归年"，体现的是季节的循环回归。这样的"回归年"叫阳历。而与之相伴的阴历实际上也可以说是一种回归，只不过是把月亮的十二次回归记为一年罢了。总之，说的都是一种时间的轮回。

阴历也称为"回历"，流行于伊斯兰教国家，韩国及一些东南亚国家也有采用；阳历也称公历，目前世界上大多数国家，主要是天主教国家采用。我国的农历是结合"二十四节气"的公历，兼顾了太阳和月亮的周期，称为"阴阳历"。世界上也有使用佛历和希伯来纪年之类的和宗教有关的历法，不过，多数只是在民间流行。

阳历也就是"格里历"。我国自民国元年起采用阳历，对应原来使用的农历，阳历又称"新历"。阳历以地球绕太阳转一圈的时间定为一年，共 365 天 5 小时 48 分 46 秒。平年只计 365 天这个整数，不计尾数。每年所余的 5 小时 48 分 46 秒，直至四年约满一天，这一天就加在第四年的 2 月里，这一年叫闰年，所以闰年的 2 月有 29 天。

"一三五七八十腊，三十一天都不差。"这两句歌谣是用来帮助人们记忆一年中每个月的天数的。7 个"大月"共计 217 天，365 减去 217 剩下 148 天，按照最早的罗马历法，大月 31 天、小月 30 天，就只能有 4 个"小月"是 30 天，这样就有了一个"小小月"——2 月，每年只有 28 天，闰年时加一天是 29 天。

阴历以月亮圆缺一次的时间为一个月，共 29 天半。为了算起来方便，大月定为 30 天，小月 29 天，一年 12 个月中，大小月大体上交替排列。阴历一年有 365 天左右，没有平年闰年的差别。阴历不考虑地球绕太阳的运行，因而使得四季的变化在阴历上就没有固定的体现，不能反映季节，这是一个很大的缺点。为

了克服这个缺点，后来人们定了一个新历法，就是所谓阴阳历。

阴阳历也称农历，是我国自殷商时代起到 1912 年中华民国成立，数千年中一直沿用的一套历法。其主要特点是以月相盈缺来确定一"月"的终始，并通过设置"闰月"来保证年的平均周期接近地球公转的一个回归年。农历的一个平年是 12 个月，354 天或 355 天；闰年则是 13 个月，383 天或 384 天。

目前已知有记载的最早的农历是春秋战国至秦朝时期的"古六历"。由于其定义一回归年为 365 又 1/4 天，因此又称四分历。古六历之后，中国农历曾发生过一次比较大的变化，也称为农历的转折点，这就是西汉时期颁行的著名的"太初历"。"太初历"是公元前 104 年（太初元年）汉武帝下令定改的一套历法，也是现存最早有完整文字记载的历法。"太初历"之于古六历最大的改动是加入了二十四节气以定农时，并确定了以"夏历"正月为岁首（这也是现在的农历有时被称为"夏历"的原因）。同时由于二十四节气的加入，又有了在"无中气"的月份置闰的规定，使得农历的月份与四季的配合更为合理。再往后各朝各代虽然均有在时行历法的基础上进行修订，但大多都是在"太初历"的基础上修修补补，再无太大的改动。

2.2.3　中国的二十四节气

二十四节气（图 2.11）是中国古代订立的一种用来指导农事的补充历法，是在春秋战国时期形成的。由于中国农历是一种阴阳历，即根据太阳也根据月亮的运行制定的，因此不能完全反映太阳运行周期。但中国又是一个农业社会，农业需要严格了解太阳运行情况，农事完全根据太阳进行，所以在历法中又加入了单独反映太阳运行周期的"二十四节气"，用作确定闰月的标准。

二十四节气反映太阳的运动。图 2.11 中呈"倒 S"形连接起来的"黑点"，就是所在节气太阳的地平高度。夏至最高，冬至最低，春分和秋分平分天球，所以太阳是严格地东升西落。

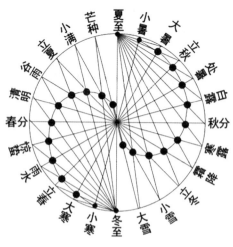

图 2.11　二十四节气

二十四节气是根据太阳在黄道（即地球绕太阳公转的轨道）上的位置来划分的。视太阳从春分点（黄经零度，此刻太阳垂直照射赤道）出发，每前进 15 度为一个节气；运行一周 360 度又回到春分点，为一回归年，分为 24 个节气。

天文小贴士：中国北斗卫星导航系统和全球定位系统

1. 中国北斗卫星导航系统

中国北斗卫星导航系统（BeiDou navigation satellite system，BDS）是中国自行研制的全球卫星导航系统。是继美国全球定位系统（Globle Positioning System，GPS）、俄罗斯全球卫星导航系统（Globle Navigation Satellite System，GLONASS）之后第三个成熟的卫星导航系统。

北斗卫星导航系统由空间段、地面段和用户段三部分组成，可在全球范围内全天候、全天时为用户提供高精度定位、导航、授时服务。定位精度 10 米，测速精度 0.2 米 / 秒，授时精度 10 纳秒。

1）发展历程

20 世纪 70 年代，中国开始研究卫星导航系统的技术和方案，但之后这项名为"灯塔"的研究计划被取消。1983 年，航天专家提出使用两颗静止轨道卫星实现区域性的导航功能，1989 年，中国使用通信卫星进行试验，验证了其可行性，之后的北斗卫星导航试验系统即基于此方案。2009 年北斗三号工程正式启动建设。2015—2016 年成功发射 5 颗新一代导航卫星，完成了在轨验证。2018 年前后，发射了 18 颗北斗三号组网卫星；2020 年前后，完成了 30 多颗组网卫星发射，实现全球服务能力。

2）系统构成

北斗卫星导航试验系统又称为北斗一号，是中国的第一代卫星导航系统，即有源区域卫星定位系统，2003 年试验系统完成组建，该系统服务范围为东经 70 ~ 140 度，北纬 5 ~ 55 度。

正式的北斗卫星导航系统也被称为北斗二号，是中国的第二代卫星导航系统，英文简称 BDS，曾用名 COMPASS，"北斗卫星导航系统"一词一般用来特指第二代系统。此卫星导航系统的发展目标是对全球提供无源定位。整个系统由 35 颗卫星组成，其中 5 颗是静止轨道卫星。

3）系统功能

"北斗"卫星导航系统的军事功能与 GPS 类似，如运动目标的定位导航；武器载具发射位置的快速定位；人员搜救、水上排雷的定位需求等。实现部队的实时指挥及战场管理。

其他还有，个人位置服务、气象应用、道路交通管理、铁路智能交通、海运和水运导航、航空运输、应急救援等。目前，还有开发指导放牧、预测农作物收成等应用。

2. 全球定位系统

全球定位系统（Global positioning system，GPS）是 20 世纪 70 年代由美国军队研制的空间卫星导航定位系统。其主要目的是为陆、海、空三大领域提供实时、全天候和全球性的导航服务，并用于情报收集、核爆监测和应急通信等军事事务。

GPS 的基本原理是测量出已知位置的卫星到用户接收机之间的距离，然后综合多颗卫星的数据就可知道接收机的具体位置。

GPS 的主要用途：

陆地应用，主要包括车辆导航、应急反应、大气物理观测、地球资源勘探、工程测量、变形监测、地壳运动监测、市政规划控制等；

海洋应用，包括远洋船最佳航程航线测定、船只实时调度与导航、海洋救援、海洋探宝、水文地质测量以及海洋平台定位、海平面升降监测等；

航空航天应用，包括飞机导航、航空遥感姿态控制、低轨卫星定轨、导弹制导、航空救援和载人航天器防护探测等。

第3章　天文制作课程1
——单筒望远镜

1. 知识导航

许多人都以为，进行天文观察需要使用昂贵的仪器，其实不是。作为天文爱好者，欣赏天空、学习天文学知识，我们需要一步步前进，只要我们的眼睛能清楚地看到东西，我们就可以参与天文观察。在黑暗的郊野，肉眼就能够看到6等星和美丽的银河。当然，望远镜可以大大扩展我们的眼界。当你看到"望远镜"三个字的时候，想到的是什么呢？精密复杂的大块头？美妙奇幻的宇宙世界？这些将来你都会拥有，现在，我们可以就地取材、自己动手、边学习边制作一架简易的单筒望远镜，做一次"小开普勒"。

光学天文望远镜通常是由一个长焦距物镜（主镜）接收天体发出的可见光，并将天体的影像聚焦在焦平面上，再在焦点附近用一个（短焦距）目镜把这个影像放大，用来观测、分析、欣赏。

一般来说，天文望远镜可分为折射望远镜（图3.1）、反射望远镜（图3.2）及折反射望远镜（图3.3）三大类，我们在本书第6章将会详细介绍。第一架折射望远镜是意大利的天文学家伽利略设计制造的，简单易行，适合初学者使用，

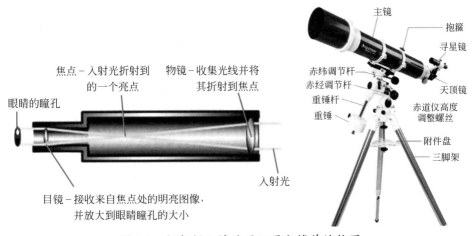

图 3.1　折射望远镜的原理图和简单结构图

更适合初学者自己制作；第一架反射望远镜是牛顿制作的，目前世界上的大型望远镜基本上都采用了这种形式。但是，折射望远镜和反射望远镜各有优缺点，尤其是不利于天文爱好者使用。天文学家就结合两种望远镜发明了折反射天文望远镜，目前市面上供天文爱好者使用的望远镜，多数都是折反射式的。

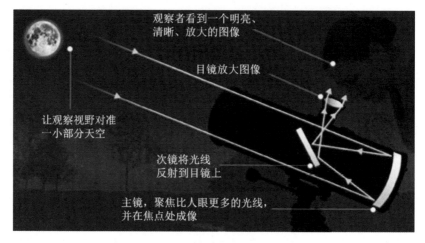

图 3.2　反射望远镜工作原理图

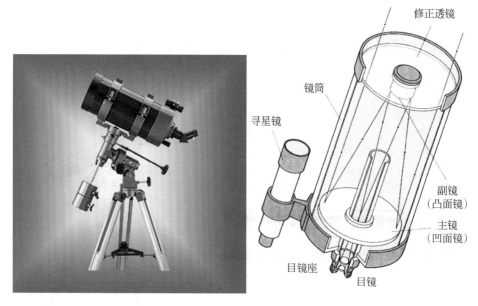

图 3.3　折反射望远镜

2. 天文工作坊——简易望远镜 DIY 指南

想要拥有一架望远镜吗？我们自己动手制作一架望远镜吧！今天我们要制作的是开普勒式折射望远镜（图 3.4）。

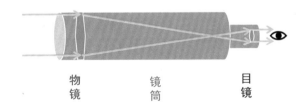

物镜　　　　镜筒　　　　目镜

图 3.4　折射式望远镜的构造

材料：两个大小不同的放大镜、两个纸筒（或塑料瓶）、双面胶、塑料胶剪刀、美工刀。

制作步骤如下。

步骤 1：取放大镜（图 3.5）中较大的一只作为物镜（离观测物体较近的镜片），另一只小的作为目镜（离眼睛较近的镜片）。

图 3.5　这些"放大镜"很容易买到

步骤 2：确定镜筒的长度。前后调整物镜和目镜的距离，直到能看清远处物体，以此确定为镜筒的长度（图 3.6）。

图 3.6　利用放大镜先来确定镜筒的长度

步骤 3：制作镜筒。镜筒要求做成一头大一头小。你也可以挑战做能前后调节焦距的活动式（图 3.7）。

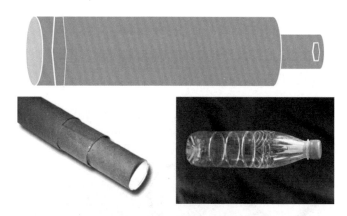

图 3.7　镜筒的材料可以"因地制宜"

步骤 4：安装镜片。用双面胶或塑料胶把镜片固定在镜筒的两边（图 3.8）。

图 3.8　安装镜片

完成就试试你的望远镜吧（图 3.9）。

图 3.9 用望远镜观测

3. 历史回顾——第一架望远镜的故事

1608 年荷兰米德尔堡眼镜师汉斯·李波尔（Hans Lippershey）造出了世界上第一架望远镜。

一次，两个小孩在李波尔的商店门前玩弄几片透镜，他们通过前后两块透镜看远处教堂上的风标，两人兴高采烈。李波尔拿起两片透镜一看，远处的风标放大了许多。李波尔跑回商店，把两块透镜装在一个筒子里，经过多次试验，李波尔发明了望远镜。1608 年他为自己制作的望远镜申请专利，并遵从当局的要求，造了一个双筒望远镜。

天文小贴士：取回月壤——我们的起飞和超越

2020 年 11 月 24 日，嫦娥五号在中国文昌航天发射场顺利发射升空，11 月 30 日嫦娥五号进入月球圆形轨道，12 月 1 日着陆，12 月 2 日采样。我们终于拥有自己的月壤和月岩标本了，这让我国成为继美国和苏联之后，第三个完成月球采样并返回地球的国家。

很多人都为我国的月球探测器能够采样返回而兴奋，却不知道用采回来的月球样本能做什么，所代表的意义为何。

1. 研究月球演化

月球是怎么形成的？这个问题困扰了人类很久，不少科学家提出诸如地球俘获说（地球引力俘获路过的小行星）、地球分裂说（地球自转过程中甩出一部分成为月球）等多种说法。但是一直到阿波罗登月后，人类取得了大量月球岩石与土壤的样本，通过分析这些样本，才最终提出一个说法：小行星碰撞说。

这个说法认为，在地球形成后不久，地球被一颗大小与火星相似的小行星Theia撞击，在这次撞击中，Theia整体被撞碎，地球的一部分地幔物质也被撞飞，同时Theia的金属核心融入地核中，这些被撞飞的地幔物质和Theia的地幔物质则在宇宙中围绕地球运动，并最终碰撞融合到一起，于是就形成了月球。

这个理论的提出，就依据月球岩石样本的数据。科学家们在分析了月球样本（图3.10）后，发现月球和地球具有完全一致的氧同位素，这在其他类地行星上并未发现过，说明地球与月球的物质曾经发生过充分地混合；此外，通过地月岩石样本的对比发现，地球的化学元素中，硅元素出现了不正常的亏损状态，而月球的化学元素中则缺少镧系元素Eu。硅是一种造岩元素，很容易富集于地表岩石中，撞击造成的地表岩石破裂和飞出导致硅元素的缺失，而只有当月球的主要成分源于其他行星的时候，才会出现缺失Eu的现象。

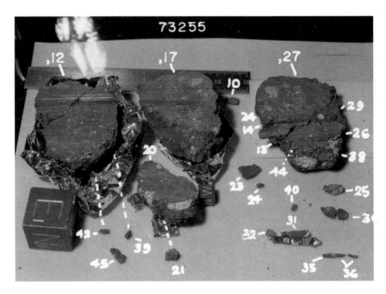

图 3.10　将嫦娥五号带回的月壤进行分类处理

关于月球的形成还有许多未解决的问题。月球在形成后的数十亿年间经历了长期的小行星撞击与多期次的岩浆活动。不过由于人类对月球的探索依然有限，所以我们对月球本身的演化历程依然不甚了解，尤其是对于月球 30 亿年以来的演化情况不甚清楚。长久以来，我们研究月球的地质演化基本上只能通过撞击坑的叠置关系以及国外的月球数据来进行，但是从中国的登月计划开始实施以来，我们逐渐有了丰富的月表探测数据，在这次嫦娥五号登陆的风暴洋吕姆克山（图 3.11），我们采回了月球可能在大约 11 亿年前

图 3.11　从阿波罗号看吕姆克山

的岩浆活动中所形成的岩石，这些对于我们研究月球的演化历史具有很重要的作用。往浅处说，能够让我们在月球演化领域研究领先于西方，往深处说研究月球演化是揭示类地行星起源和演化的关键，也是我们开拓星辰大海的出发点。

2. 开发月球

月壤位于月球的最表层，是本次采样的重点。月壤与地球的土壤截然不同，地表的土壤是地表岩石受到风霜雨雪等的风化作用后破碎成为沙粒，这些沙粒与死亡生物的有机质混合所形成的物质。但是月壤则主要是由小行星撞击月面以及在真空中物质由温差等因素风化所致。

研究这些月壤，一方面能够揭示出在月球上发生过的陨石撞击事件的细节，另一方面则能够为我们揭示在真空中的物质经历空间风化（温度、太阳风、宇宙射线等的破坏作用）的过程，为将来的星际建筑和设备抵御空间风化做准备；另外，更为细小的月尘则容易飘浮，在月球条件下，月尘的飘浮会导致宇航员视觉模糊、探测器光学元件污染、能源与热控系统衰退、机械磨损和故障等，研究这些物质也能够为将来的月球探测工作和月球基地建设工作提供防尘的方案。

此外，在阿波罗计划以及苏联的 Luna 计划中都对月表矿物进行了研究，目前在月表不同区域发现了不少水冰、氦 –3、钛铁矿、克里普岩（能够提炼出稀有元素）以及其他大量金属与非金属资源。这些资源，尤其是氦 –3 资源一度引起人们的关注，因为这是一种极为重要的核聚变原料。许多人就曾经畅想，有了月

球的氦 –3，地球几百年上千年内的能源问题都能解决，不过地球上核聚变商业化都还没实现呢。

对于月球资源利用的第一步可能并不在于对于月表矿物诸如氦 -3 的提炼之类，而很可能在对月表环境资源的利用（月球环境的优势在于长昼夜、温差大、长光照、高真空、强辐射等）、水冰区域的开发以及月壤月尘的使用。

月壤和月尘可能是一种非常好的粉尘物质，能够用于 3D 打印或者是直接作为建筑材料，如果能够对它们进行深入研究，可能能够设计出相应的工艺来加快建设月球基地。

可能要等待月球基地的建立之后，我们才会提出月球采矿的计划，而在这之前，对于月壤的研究无疑能够有助于基地的前期建设工作。

3. 追赶和超越

现代科学都起源于西方，自从新中国建立就一直在追赶西方人的脚步。就从探月这件事情来说，中国人研究地外天体的起点其实起源于陨石，通过这些陨石的研究初步培养出了一些专业的人才，而在那时候美国和苏联已经登月了。

到了 20 世纪 70 年代末期，中国人才开始通过跟踪国外登月成果，翻译、总结这些资料后出版了自己的相关教材；70 年代末期，美国总统卡特给中国送了 1 克月样，其中 0.5 克放进了博物馆，另外 0.5 克进行研究使用，在当时，中科院地球化学研究所、中科院原子能研究所、中科院原子核研究所、中科院长春应用化学研究所、中科院高能物理研究所、冶金工业部昆明冶金研究所、石油工业部上海石油化工厂等多个部门就硬生生利用这 0.5 克月样进行了 10 余项项目的研究，并发表了数十篇论文。

在几十年间，我们都在默默进行月球探测的科学准备，尽管那时候看上去西方人一骑绝尘，仿佛永远无法超越。一直到 2004 年，国家才批准立项进行月球探测，此后从嫦娥一号到嫦娥五号，我们的脚步缓慢而坚定，现在我们回过头来才发现，我们已经差不多跟西方处于同一水平线了！

第4章 牧羊人国王还是历法

我们肉眼可见天上的星星有 6000 多颗，它们有明有暗，而且还有红色、橙色、黄色、白色、蓝色等不同的颜色。你的眼睛越亮、夜空的质量越好，你能看到的星星就会越多，而且是成倍地增加；恒星都是成群成团地存在，人类的祖先把密密麻麻的星星分成"堆"，把星星连接起来想象成各种图形，然后，给它们起名字、编故事，方便认识星空，记忆星座。

4.1 中西方的天空体系

5000 年来世界上先后出现了多个文明古国，而且很多民族给天上的亮星都取了名字甚至编出了美丽的神话，但真正形成完整星空命名体系的民族却少之又少。

世界上只有两个最著名的完整星空命名体系：一个是以古希腊星座为基础的西方现代 88 个星座；一个是与中华文明、中国传统文化伴随始终的三垣四象二十八星宿的中国星座。这两个星座体系都初步定型于公元初年，这应该是人类文明发展到一定程度的必然结果。为什么在这个时候会在这两个地点分别出现两个完整的星空体系呢？我们不妨看一看那个时代与文明程度高度相关的人口数量分布：在公元初年的时候，全世界有 1/3 的人居住在地中海沿岸；1/3 的人居住在中国；另外 1/3 的人散布在世界各地。所以形成这样两大星空体系就不足为奇了。

4.1.1 对着星星讲故事

天文爱好者们都知道，认识星空，天上的"几何图形"很重要，"夏季大三角""秋季大四方""冬季大六边形"等。认识了图形，就找到了主要的亮星，就能通过它们去寻找其他不是太亮的星星。怎样把图形记住？怎么去寻找呢？

夏季大三角的织女星，西方国家称它为天琴座 α。同是一颗星，虽然名字不同，却都有着美丽的故事。故事中的人物、所用的"道具"和情节，还都是那么贴切！很容易让你从很亮的织女星出发，去找和故事相关的小星星。

西方故事中的天琴座 α 代表的是希腊的大音乐家亚里翁。他去意大利参加

音乐比赛，获得了很多的奖品。乘船回来的途中，船夫见财起意，要把他推入海中。亚里翁对船夫说，我一生喜爱歌唱，在我死之前，让我为自己唱一首挽歌吧，船夫同意了。他优美的琴声引来了附近的海豚，高亢的歌声降低了船夫的警觉性，亚里翁乘机跳入海中，他的海豚朋友驮着他逃离了魔爪。他的那把琴就成了天琴座，图 4.1 为天琴座 α 和其他 4 颗小星星组成了歌手的琴。海豚救人有功也升天成了海豚座。海豚座所在的"小动物天区"就在组成夏季大三角的另外两个星座，天鹅座和天鹰座之间。

我国牛郎织女的故事就不用复述了，估计每个读者都听过这个美丽又略带一点凄凉的故事。主角织女是天上的仙女，她变的星星当然会很亮，可是故事中组成织女手中梭子的那 4 颗小星星，不仅不亮，听听它们的名字，你也记不住（看图 4.2 顺时针过去）：织女三（天琴座 ϛ）、渐台二（天琴座 β）、渐台三（天琴座 γ）和织女二（天琴座 δ）。

图 4.1　天琴座

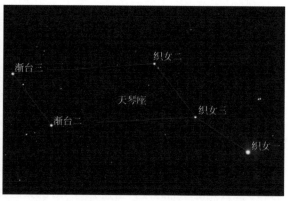

图 4.2　织女星和其他 4 颗小星星构成了织女和
她手上菱形的织布梭子

天上的故事还有很多，外国的、中国的，就是它们构成了西方国家的 88 星座和我们国家的三垣四象二十八星宿两大星空体系。

4.1.2　88 个星座

大约在 3000 多年前，古代的巴比伦人最早将天空分成了许多区域，称为"星座"，每一个星座由其中亮星的特殊分布来辨认。

古巴比伦人在观察行星的移动时，最先注意的是黄道附近的一些星，然后将它们中的亮星，连线为一定的形状，并根据形状起名，这就是最早的星座了：白羊、金牛、双子、巨蟹、狮子、室女、天秤、天蝎、射手（人马）、摩羯、宝瓶、双鱼。从星座的名称来看，动物较多，所以，有人称黄道十二星座是"动物圈"或"兽带"。

巴比伦人的星座划分传入了希腊。希腊著名的盲歌手荷马在史诗中就提到过许多星座的名称。在公元前 500 ~ 600 年，希腊的文学历史著作中又出现了一些新的星座名称：猎户、小羊、七姐妹星团、天琴、天鹅、北冕、飞马、大犬、天鹰等。

公元前 270 年，希腊诗人阿拉托斯的诗篇中出现的星座名称已达 44 个。

北天 19 个星座：小熊、大熊、牧夫、天龙、仙王、仙后、仙女、英仙、三角、飞马、海豚、御夫、武仙、天琴、天鹅、天鹰、北冕、蛇夫、天箭。

黄道带 13 个星座，比巴比伦人多 1 个巨蛇座。

南天 12 个星座：猎户、（大）犬、（天）兔、波江、鲸鱼、南船、南鱼、天坛、半人马、长蛇、巨爵、乌鸦。

公元 2 世纪，传至托勒密的《天文集》时，共有 48 个星座。这 48 个星座一直流传了 1400 多年之久，直到公元 17 世纪，星座才又有了新发展。航海事业使人们得以观测南天星座。在原有的 48 个星座的基础上，又增加了 37 个星座。

德国人巴耶尔发现了 12 个星座（1603 年）：蜜蜂（即苍蝇座）、天鸟（即天燕座）、蝘蜓、剑鱼、天鸽、水蛇、印第安、孔雀、凤凰、飞鱼、杜鹃、南三角。

巴尔秋斯发现南十字座等 4 个星座（1690 年）。

赫维留斯发现了小狮座、蝎虎（蜥蜴）座和猎犬座等 8 个星座（1690 年）。

拉卡耶发现星座 13 个（1752 年）：玉夫、天炉、时钟、雕具、绘架、唧筒、南极、圆规、矩尺、望远镜、显微镜、山案、罗盘。他把近代的科学仪器引入星座，打破了过去神话传说式的星座划分。

星座中的亮星都是以希腊字母或阿拉伯数字按其亮度来编号的。用希腊字母命名恒星是巴耶尔的创造，用阿拉伯数字给恒星命名则是斯蒂创始。一般是先使用希腊字母，当字母不够用时延续阿拉伯数字。

1928 年国际天文学联合会正式公布的星座是 88 个，北天 29 座、黄道 12 座、南天 47 座。你可能会做算术：48+37=85，怎么是 88？是因为南船座太大了，不利于观测、记忆，所以就把它一分为四：船底、船尾、船帆，航海离不开定位，就再加了一个罗盘座。

88 星座的名称，有一半是在古时候就已命名了，其命名的方式是依照古文明的神话与形状的附会（包含了美索不达米亚、巴比伦、埃及、希腊的神话与史诗）。另一半（大部分是在南半球的夜空中）是近代才命名，经常用航海的仪器来命名。现在全世界已经统一依据星座图将天空划分为 88 个区域，也就是 88 个星座。

沿黄道天区有 12 个星座。它们分别是白羊座、金牛座、双子座、巨蟹座、狮子座、室女座、天秤座、天蝎座、射手座、摩羯座、宝瓶座、双鱼座。

北天有 29 个星座。它们分别是小熊座、大熊座、天龙座、天琴座、天鹰座、天鹅座、武仙座、海豚座、天箭座、小马座、狐狸座、飞马座、蝎虎座、北冕座、巨蛇座、小狮座、猎犬座、后发座、牧夫座、天猫座、御夫座、小犬座、三角座、仙王座、仙后座、仙女座、英仙座、猎户座、鹿豹座。

南天有 47 个星座。它们是唧筒座、天燕座、天坛座、雕具座、大犬座、船底座、半人马座、鲸鱼座、蝘蜓座、圆规座、天鸽座、南冕座、乌鸦座、巨爵座、南十字座、剑鱼座、波江座、天炉座、天鹤座、时钟座、长蛇座、水蛇座、印第安座、天兔座、豺狼座、山案座、显微镜座、麒麟座、苍蝇座、矩尺座、南极座、蛇夫座、孔雀座、凤凰座、绘架座、南鱼座、船尾座、罗盘座、网罟座、玉夫座、盾牌座、六分仪座、望远镜座、南三角座、杜鹃座、船帆座、飞鱼座。

4.1.3 三垣四象二十八星宿

在我国的天空体系中，选定用来测位置的星星叫作"星官"。星星的亮度并不是最重要的挑选依据，更多的是看位置分布的均衡。而且，也要体现出"天人合一"中最重要的"皇权至上"的思维。所以，围绕"三垣"就构成了四种动物（图腾）形状的二十八星宿，它们在天上对"三垣"形成了"拱卫"之势（图 4.3）。

二十八星宿的形成年代是在战国中期（公元前 4 世纪）。东汉王充在《论衡·谈天》中也说："二十八星宿为日月舍，犹地有邮亭，为长吏廨矣。邮亭著地，亦如星舍著天也。"这说明二十八星宿是借助于观测月亮在天空的行径而建立的。

二十八星宿分为东、南、西、北四宫（象），每宫七星。为了便于识别和记忆，古人将四宫分别想象为一种动物，即东宫为苍龙，南宫为朱雀，西宫为白虎，北宫为玄武。四宫与四季相配如下：

图 4.3　二十八星宿组合成的四宫，拱卫着象征皇宫的"北斗"星

东宫苍龙主春：角、亢、氐、房、心、尾、箕七星；

南宫朱雀主夏：井、鬼、柳、星、张、翼、轸七星；

西宫白虎主秋：奎、娄、胃、昴、毕、觜、参七星；

北宫玄武主冬：斗、牛、女、虚、危、室、壁七星。

东方七宿分布在夏至点至秋分点之间，北方七宿分布在秋分点至冬至点之间，西方七宿分布在冬至点至春分点之间，南方七宿分布在春分点至夏至点之间。从我国古代天文学的发展，尤其是历法的发展来看，这并不是巧合。

二十八星宿体系形成的年代，即公元前 5670 年前后，二十八星宿基本上是沿赤道均匀分布的。然而，由于岁差的影响，各宿的赤经随着年代而变化，各宿的宿度（即与下一宿的赤经差）变得广狭不一，为了保证时间尺度的均匀性，就需要调整。所以，为了方便黄道天体的观测，二十八星宿的星官就多选择靠近黄道的星星。

这种观测对象的转移，也是历史发展的需要。从天象上看，北天恒显圈中的亮星除了北斗七星外，只有其他几颗孤星，所以要从恒显圈内找北斗七星以外的亮星作报时基准星的话，已经很难实现了。因此目光必须跳出恒显圈，从其他星辰中找。

于是，人们从天空的北半球找到了南半球，因为南天的亮星比北天多得多。但南天的星辰相比北天有个重大"缺陷"——南天的星都处于恒显圈以外，所以南天所有的星在一年内，多多少少都有那么一段时间是全天看不到的。而这个特点就决定了要以南天星辰为基准作报时系统时，就无法像北斗七星那样，只以一组亮星就能解决全年的计时问题；必须以多组亮星的互补结合与共同使用，才能解决全年不间断连续纪日的问题。而要从南天众多的亮星中，对众多星辰做取舍，并筛选出一个有效的报时系统也绝非易事。方位、时间（间隔）上要有规律，还要利于观测，所以，古人就"成组"地做选择，组成"星宿"，感觉上是迎合了月亮的运动周期，实际上二十八星宿并不是为了观测月亮，而是起到了替代北斗七星这一"星组"的作用。显然，利用星组组成图形来进行观测，是最简单而实用的方法。

4.2 你是什么星座的

英文单词"constellation"的意思是"星座""星群"，这基本是天文学的解释。可是，天文学家进行天体观测是不用星座的，那他们怎么找到观测对象呢？有星图和星表，就像地球上每个城市都有它的地理坐标一样，天体都用自己天上的坐标，用的最多的就是赤经、赤纬，和地球上的一样。标定天体最常用的赤道坐标系，就是将地球上的赤道和经纬度大圈延伸到天空，具体来说是延伸到天球上。那星座的天文学存在有什么意义？主要是天文爱好者用来认星，以及早期的航海家用星座来导航。

占星术，或者说星座文化中外皆有。占星术中星座的英文是"sign"，意思是"记号""标记""象征"。在英汉字典解释 Signs of Zodiac 是黄道十二宫，在《英汉天文学词汇》中也有同样的意译；而在英英字典中，则诠释得更详尽："One of the twelve equal divisions of the Zodiac"，意思是"黄道上十二个均等的部分（占星术中的星座划分）"。因此，天文历法的十二星座（根据太阳的时间经过划分，并不是均等的）与占星术中所指的星座（太阳的时间经过是均等的）在实际意义上是不同的。而实际上，星座就是天上一群群恒星的"人为"组合。它们被分类、定义后，被占星师用来算命（演变成一组符号）。

说到星座的起源，都推说是属于 4000 多年前的古巴比伦王朝，两河流域的美索不达米亚文明。后经埃及、希腊传入欧洲，历经两度盛衰之后，最终按其应用分别形成天文学的 88 个星座和占星术的黄道十二星座（宫）符号。

关于星座起源的地点似乎大家都认同，来自两河流域。但是，最早是什么人、在什么情况下"创造"出来的？又是怎样被应用的？一直以来大致有三种说法：一是"放羊娃"在玩"连连看"；二是说巴比伦王国的宰相为了加强国王的统治而编的神话故事；三是认为两河流域进入农业文明初期时，是通过辨识星座（星空）来指导农牧业生产的，是最早的历法。

1. 来自于原始的联想

"连连看"的游戏相信大家都玩过，很轻松，并不需要多动脑筋。开始是把一些相同的"东西"连在一起，产生一定的结果。等级高一些了，就可以把一些相似的、能产生抽象联想的连起来。我们也可以这样设想发生在 4000 年以前"迦勒底人"的"连连看"——一个放了一天羊（牛）的牧童，有点疲惫地躺在草地上，不经意地注视着头顶的星空。一天又一天，他逐渐对天上一闪一闪的星星熟悉了起来，哎，这几颗星星聚在一起像个"羊角"呀！那几颗星星连起来多像是螃蟹……把这些东西告诉"小伙伴"，相互比较、竞争，再争取到成年人的帮助……

再遇到有心人，而且是有想象力、也有"艺术"才能的人，就逐渐地将天上出现的最"显眼"的星星都有"组织"地连了起来。

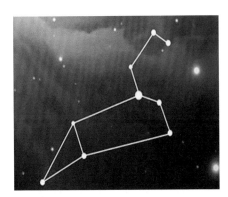

图 4.4 去根据图形认识狮子座

这样的事情你也可以做到呀，找几个晴朗的晚上，针对你选定的天区，去观察一些星星的位置，然后发挥你的想象力，把它们组合成你认可的形象，你不就熟悉这片星空了吗？或者，对照星图，找到一个星座，去认证：三角形是狮子的尾巴，五边形是狮子的身体，那个反过来的问号是狮子的脖子和头（图 4.4）。

2. 巴比伦国王和宰相的"阴谋"

据说 4000 年前的巴比伦王朝的国王，发现他的统治有些不是那么牢固了，而且天灾人祸濒临。他就问计于他的宰相，当时"连连看"的游戏已经玩了很久，许多星座都已经诞生。由于黄道是太阳每天经过的路径，且地处北纬 30 度左右的两河流域，黄道带的星群最容易被观察到，所以最早产生的就是"黄道星座"。由于当时是农牧业社会，"黄道星座"就被联想成许多的"动物"，如"白羊""金牛"等，也有一些被看成"怪物"的东西，比如"天蝎""巨蟹"等。在当时的社会，这些星座很受重视，很深入人心。宰相就很聪明地利用了这一点，据说，他组织人马编写了十个"神话故事"，把天灾、人祸的事情都编了进去，故事里面针对这些坏人坏事，出现了一个"英雄"，他当然就是国王的化身，带领他的臣民们奋起抗争，克服了种种困难，使得国泰民安。当然臣民们就会信任他、跟随他。据说，这也是最早的关于黄道星座的神话故事。

3. 应该是最早的历法

相对于"连连看"和宰相编的故事，我们更愿意相信星座的产生是社会发展的需求，是最早的历法。比如，人类最早的成系统的历法就是通过观察星星而制定的"天狼星历"。而且，让我们对照一下"黄道十二星座"和我国专门为农牧业生产而设置的"二十四节气"所相对应的时间（图 4.5），这个意义也就相当清楚了。

图 4.5 "黄道十二星座"和"二十四节气"对照

白羊座对应的是春分、清明、谷雨，大致是 3 月 20 日到 4 月 20 日之间。二十四节气的解释是：春天开始，天气逐渐转暖。草木繁茂，雨水增多，大大有利谷类作物的生长。两河流域和我国的黄河、长江的"两河流域"地理位置接近，文明程度也近似，所以农牧业生产的周期也应该比较相同。白羊座的标记像是小羊羔，"草木繁茂"正好有利于放牧。而这个标记也可以说成是"小秧苗"，春耕春种开始了。

金牛座对应的是谷雨、立夏、小满，大致是 4 月 20 日到 5 月 21 日之间。在我国，谷类作物加快生长，夏熟作物的籽粒开始灌浆饱满，同时，田地里也会杂草丛生，需要耕牛去耕地。巴比伦人也该如此吧。

接下来的"双子座"，很多故事都在讲"孪生兄弟"多么团结、多么相互关爱等。可是对照我们的"二十四节气"，那时候是小满、芒种、夏至，也就是 5 月 22 日到 6 月 21 日之间，那时候，麦类等有芒作物成熟，夏种开始。田地里那么忙，不需要"小伙子"这样的壮劳力吗？而且是一个不够，两个才好，越多越好。

巨蟹座对应的是夏至、小暑、大暑，6 月 22 日到 7 月 23 日之间。天气最热，那个时候太阳的高度最高，夏至的前一日、后一日，太阳都会在天上"上下"行进，而古代人们能量的唯一来源就是太阳，大家当然不愿意太阳高度慢慢降低，最好太阳是像螃蟹一样在夏至的最高点的天空"横着走"，永远不下来。

图 4.6　栓日石

这一点，从美洲考古发现的"栓日石（桩）"也可以得到解释（图 4.6）。"栓日石（桩）"，字面意义是"用来绑住太阳"，它会在印加人举行冬至（南半球太阳最高点的一天）仪式时被派上用场。一名祭司会在仪式进行期间将太阳绑在这块石头上，以避免太阳从此消失不见（逐日降低高度）。栓日石旁边有个唯一的凸出角，它对的是正北方，栓日石上面的一块竖着的石头，它的四个角对的正好是东南西北。对着北南西方向都有山峰，而东面没有，因为太阳要照进来，印加人在"天空之城"迎接东方的太阳，所以怎能有山峰遮挡。

狮子座对应大暑、立秋、处暑，时间大致是 7 月 23 日到 8 月 23 日之间。这段时间还没有搞得很清楚，需要狮子做什么？难道说夏种忙完了，清闲了，带上狮子去打猎，或者是去打狮子？

室女座对应处暑、白露、秋分，时间大致是 8 月 23 日到 9 月 23 日之间。这个似乎很清楚，室女座的女神就是西方的农业女神，巴比伦人也是用她来提醒：我们丰收了，我们开始储藏了。在西方，少女一直是"丰收"和"希望"的象征。

天秤座对应秋分、寒露、霜降，时间大致是 9 月 23 日到 10 月 23 日之间。天气渐渐地凉了，大家分分劳动的果实，准备过冬吧。

天蝎座对应霜降、立冬、小雪，时间大致是 10 月 23 日到 11 月 22 日之间。下霜了，雪也跟着下来了。人们大都开始减少户外活动了。

射手座对应小雪、大雪、冬至，时间大致是 11 月 22 日到 12 月 22 日之间。据说代表射手座的神是宙斯，善于思考，永无止境。好吧，大冬天的我们的理想和未来也只能是处于思考的阶段。

摩羯座对应冬至、小寒、大寒，时间大致是 12 月 22 日到 1 月 20 日之间。大寒为一年中最冷的时候。可是过了这一天不就开始越来越暖和了吗？西方摩羯座的形象是山羊头加鱼尾，意味着犹豫中向前，不就是象征着气候、历法吗！

宝瓶座对应大寒、立春、雨水，时间大致是 1 月 20 日到 2 月 18 日之间。有句诗就说："春江水暖鸭先知。"看看宝瓶座的符号，是水波纹，不也是要告诉人们：水里有动静了。

双鱼座对应雨水、惊蛰、春分，时间大致是 2 月 18 日到 3 月 20 日之间。现代西方解释双鱼座说是"爱神"和"美神"母女两个的化身，这恐怕是后来的解释。二十四节气里讲，惊蛰——春雷乍动，惊醒了蛰伏在土壤中冬眠的动物。不是也把水里的鱼儿给惊到了吗！

所以，经以上分析、判断，最早的"黄道十二星座"应该是一种非文字的、具有实用性的历法。

4.3 "分野"中国的君国占星术

中国的先祖们对于日月星辰与人间对应的人事有根深蒂固的信仰，却都以国家大事为记录方向；例如：国家社稷的兴亡、帝王将相、天候收成、灾难预测等。所以占星只有类似西方的君国占星术一类比较重要。

占星活动的思想渊源可以追溯到原始的宗教崇拜。随着原始部落的统一及至阶级出现，原始宗教对自然神的崇拜逐渐由崇拜天地众神变为崇拜单一的"至高无上"的神，殷商时代叫"帝"，周朝称为天 （天命）。它被赋予社会属性和人格化，成为宇宙万物的主宰。

《易经·彖传》说："观乎天文，以察时变；观乎人文，以化成天下。"为猜测天的意志，以规范人的行动，于是便出现了占星术。

1. "分野"是"天兆地应"

古代是把天象的变化和人事的吉凶联系在一起。如日蚀是老天对当政者的警告，彗星的出现象征着兵灾。岁星（木星）正常运行到某某星宿，则地上与之相配的州国就会五谷丰登，而荧惑（火星）运行到某一星宿，这个地区就会有灾祸等。古人认为，天象的变化就是水旱、饥馑、疾疫、盗贼等自然、社会现象的预兆。

"分野"理论出现颇早，《周礼·春官宗伯》所载职官有保章氏，其职掌为："掌天星以志星辰日月之变动，以观天下之迁，辨其吉凶。以星土辨九州之地，所封封域，皆有分星，以观妖祥。以十有二岁之相观天下之妖祥。""分野"大致来说有以下几种方法：

（1）干支说：把地域的划分与干、支和月令相对应，包括十干分野、十二支分野和十二月令分野三种模式。

（2）星土说：把地域的划分与星辰相对应，包括五星分野、北斗分野、十二次（记）分野、二十八星宿分野等四种模式。

（3）九宫（州）说：把地域的划分与九宫相对应，就是属于九宫（图 4.7）分野方式。《尚书》中有一篇《禹贡》，记述了大禹划分九州的传说。九州是冀、兖、青、徐、扬、荆、豫、梁、雍，是中国最早的行政区划，中国就称为九州。大禹划分九州，所以中国也称禹域。

中国的天界则突出以北极帝星为中心，以三垣二十八星宿为主干，构建成一个组织严密、体系完整、等级森严、居高临下、呼应四方的空中人伦社会，并成为星象占验的蓝本或主要依据。

星宿分野最早见于《左传》《国语》等书，大体以十二星次为准。战国以后也有以二十八星宿来划分分野的，在西汉之后逐渐协调互通。具体说就是把某星宿当作某封国的分野，某星宿当作某州的分野，或反过来把某国当作某星宿的分野，某州当作某星宿的分野。

十二星次分野如下。

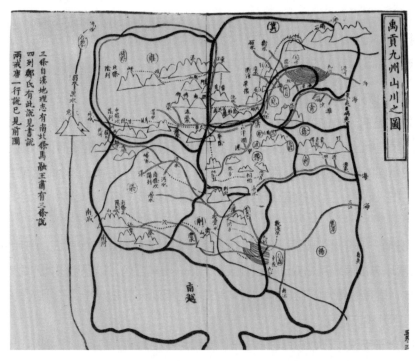

图 4.7 禹贡九州图

（1）星纪（泛指岁月）：对应斗、牛、女三宿，分野是**吴越**；

（2）玄枵（指虚空）：对应女、虚、危三宿，分野是**齐**；

（3）诹訾（阴阳变化）：对应危、室、壁、奎四宿，分野是**卫**；

（4）降娄（指生死）：对应奎、娄、胃三宿，分野是**鲁**；

（5）大梁（万物坚挺）：对应胃、昂、毕三宿，分野是**赵**；

（6）实沈（充实、实际）：对应觜、参、井三宿，分野是**晋**；

（7）鹑首（传说中的赤凤）：对应井、鬼、柳三宿，分野是**秦**；

（8）鹑火（指首位）：对应柳、星、张三宿，分野是**周**；

（9）鹑尾（指末位）：对应张、翼、轸三宿，分野是**楚**；

（10）寿星（天长地久）：对应轸、角、亢、氐四宿，分野是**郑**；

（11）大火（指心宿二）：对应氐、房、心、尾四宿，分野是**宋**；

（12）析木（劈开的木头）：对应尾、箕、斗三宿，分野是**燕**。

二十八星宿的名称完整地出现于先秦文献《吕氏春秋》等。文献学考证，二十八星宿的形成年代是在战国中期（公元前 4 世纪）。

二十八星宿分野如下。

（1）星宿列国分野

郑：角、亢；宋：氐、房、心；燕：尾、箕；越：斗、牛；吴：女；齐：危、虚；卫：室、壁；鲁：奎、娄；魏：胃、昴、毕；赵：觜、参；秦：井、鬼；周：柳、星、张；楚：冀、轸。

（2）星宿州县分野

角、亢、氐：郑、兖州。对应现在河南东部和安徽北部、今山西东部和河南西北部、河南新郑一带、山东兖州。

氐、房、心、尾：豫州。原先是宋的分野，大概是今河南东部及山东、江苏、安徽之间。

尾、箕：幽州。燕国的分野，今河北北部和辽宁西端。

斗、牛、女：江、湖、柳州。这三个包括的地方很广。斗分野在吴；牵牛、婺女，则在越。包括了今江苏南部和浙江东部及北部，而后来扩展到交趾、南海、九真、日南等。

女、虚、危：青州。齐的分野。包括现今山东及辽宁辽河以东，及河南东南一部分。

危、室、壁：并州。卫的分野，今河北保定、正定和山西大同、太原一带。

奎、娄：徐州。鲁的分野，则今山东南部和江苏西北部。

胃、昴、毕：冀州。包括赵、魏的分野，今山西北部和西南部、河北西部和南部一带、陕西东部一带。

毕、觜、参：益州。魏晋的分野。今山西大部与河北西南地区。

井、鬼：雍州。秦的分野，今陕西和甘肃一带，还包括了四川的大部分。

柳、七星、张：三河。周的分野，但未详何为三河。按以河南、河内、河东三郡为三河，而周灭后，多数在魏地，大概是指河南东部及南部一带。

翼、轸：荆州。楚的分野，主要是湖南大部分，旁及湖北、安徽、广东、江西、贵州等。

2. 天命映像

《三国演义》第一百三十四回：诸葛亮病重，夜观天象，慨然长叹："吾命在旦夕矣！"姜维问其故，诸葛亮道："吾见三台星中，客星倍明，主星幽隐，相辅列曜，其光昏暗。天象如此，吾命可知。"

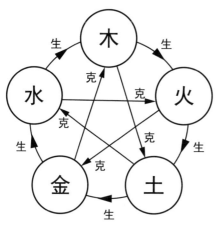

图 4.8　五行相生与相克

诸葛亮以及历代的占星师们是怎么通过天象而知晓"人间祸福"的呢？还是和西方占星术一样，架构和赋予。架构就是十二星次和二十八星宿。

（1）五行及其相生相克

"五行"者，金、木、水、火、土。古人认为，五行是构成宇宙万物的五大基本要素。《国语》有云："故先王以土、金、木、水、火相杂，以成百物。"

五行的基本规律是相生与相克（图4.8）。所谓"相生"，是金生水、水生木、木生火、火生土、土生金；每一"生"都有"生我"和"我生"的相向关联。所谓"相克"，是金克木、木克土、土克水、水克火、火克金；每一"克"均有"我克"和"克我"的相向关联。生中有克，克中有生，相反相成，运行不息。

（2）四象与二十八星宿的关系

东宫"苍龙"7星宿：角、亢、氐、房、心、尾、箕；

南宫"朱雀"7星宿：井、鬼、柳、星、张、翼、轸；

西宫"白虎"7星宿：奎、娄、胃、昴、毕、觜、参；

北宫"玄武"7星宿：斗、牛、女、虚、危、室、壁。

由此推出"36禽推命法"。就是选用28种飞禽走兽和日月五行"七曜"相配合，用以推断吉凶。日月五行跟禽兽的配合关系如下：日——兔、鼠、鸡、马；月——狐、燕、乌、鹿；木——蛟、獬、狼、狃；金——龙、牛、狗、羊；土——貉、蝠、雉、獐；火——虎、猪、猴、蛇；水——豹、鱼、猿、蚓。

而二十八星宿，则个个都有一段精彩的故事，比如考生最喜欢的奎宿，他被附会成"魁"字，形如其字，被描绘成一个赤发蓝面的厉鬼立于鳌头之上，一脚高高跷起，一手捧头，一手用笔点上中试者的名字，所谓"魁星点斗，独占鳌头"便是由此而来。

实际上，历代的占论之法，各凭妙用，并无一定之规，唯一必须遵行的一点是：所作推论应能在星占学理论中找到依据。

也有历代思想家指出，古代圣人动辄言天，不过是借人们对自然现象蒙昧而

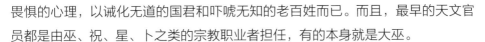

畏惧的心理，以诚化无道的国君和吓唬无知的老百姓而已。而且，最早的天文官员都是由巫、祝、星、卜之类的宗教职业者担任，有的本身就是大巫。

正如《中庸》所说——

唯天下至诚，为能尽其性。能尽其性，则能尽人之性。

能尽人之性，则能尽物之性。能尽物之性，则可以赞天地之化育。可以赞天地之化育，则可以与天地参！

🪐 天文小贴士：一样的神话不一样的人物

中国上古的主要大神们，诸如伏羲、女娲、炎帝、黄帝、颛顼、帝喾、尧、舜、禹等，都有着极为鲜明的尚德精神。这种尚德精神在与西方神话特别是希腊神话比较时，显得更加突出。中国古代神话中的这种尚德精神，一方面源自于原始神话的内在特质，另一方面则是后代神话改造者们着墨最多的得意之笔。在西方神话尤其是希腊神话中，对神的褒贬标准多以智慧、力量为准则，而中国上古神话对神的褒贬则多以道德为准绳。这种思维方式深深地注入中国的文化心理之中。几千年来，中国古代神话的这种尚德精神影响着人们对历史人物的品评与现实人物的期望，决定着社会对人们进行教育的内容与目的，甚至也影响着中国现代文明的走向。

1. 不食人间烟火和游戏人间

"不食人间烟火，没有平凡人的情欲"，这是中国上古神话中的主要大神们神格的重要特征。在中国的很多经史典籍中，中国上古的主要大神们，诸如伏羲、女娲、炎帝、黄帝、颛顼、帝喾、尧、舜、禹等，都是崇高和圣洁的。他们不苟言笑，从不戏谑人类，更不会嫉妒和残害人类。在个人的私生活上，他们从来都是十分规矩和检点的，十分注重小节、注重品行和德操的修养，并且尊贤重能。

在我国的神话中，姑且不说被后世改造过的神话，就是古老的原始神话，我们也看不到对大神们爱情生活的描写，见不到他们这方面的生活细节。由于中国上古神话中有关爱情的内容极少，因而嫦娥奔月和巫山神女的传说在中国神话天地里就显得秀丽旖旎了。

相反，在古希腊神话中，我们所看到的大大小小的天神都是世俗的，是满身人间烟火味的形象：众神之王宙斯狂放不羁，拈花惹草，在神界与人间留下了

一大串风流债，更严重的是他任意行事，不讲原则，充满嫉妒和个人爱好；神后赫拉，本是众神的表率和人间的神母，但她经常因嫉妒和仇恨而迷失本性，做出一些残酷和无神格的蠢事来，没有丝毫让人类敬重的地方。主神如此，他们手下的众神也都有着极为相似的品性。在希腊军队与特洛伊的战争中，阿喀琉斯让阿伽门农把抢来的女俘克里塞斯送还到他的父亲阿波罗的祭司的身边，因此时阿波罗神正为他的祭司的女儿被劫而用瘟疫来消灭希腊军队。阿伽门农认为自己受到了侮辱，硬是将女俘克里塞斯留在了自己的身边，阿喀琉斯愤而带领他的军队撤出了战斗，使特洛伊大将赫克托很快杀掉了还没有死于瘟疫的希腊士兵。希腊人的这次惨败只是因为一个女人，这种结果是中国人无法理解和原谅的，也是中国神话中的尚德精神所不允许的。又如，阿波罗因同玛耳绪比赛吹笛子而失败，便残酷地剥了玛耳绪的皮，并把它挂在树上；再如月神与阿波罗兄妹，因尼俄泊嘲笑了他们的母亲巨人勒托只生下一子一女，并禁止忒拜妇女向勒托献祭，他们便射杀了尼俄泊众多的儿女。如此等等。可见，在希腊神话中，神与人除了力量上的差别外，在情感上却是相同的。当神们脱掉神的外衣之后，就都成了世俗的凡人。

2. "神化"神还是"人化"神

"对神的献身精神的崇尚和礼赞"是中国上古神话尚德精神的另一个重要体现。这种牺牲精神首先表现在古老的创世神话当中。中国的创世神话，是以牺牲创世神的肉体来完成天地开辟和万物创造的。所以，中国古代的开辟大神盘古在完成了天地开辟任务之后，就将自己的身体化成了世间万物。另一位开辟大神女娲，她在完成了补天、造人的大功之后，也将自己的身体奉献了，《山海经》中云，有神十人就是女娲之肠所化。今天我们虽然不能全部了解女娲化物的细节，但这则神话多多少少为我们透露了这方面的信息。

后来的始祖神继承了创世神的这一传统，并将它发扬光大，为中华民族创造了可歌可泣的业绩。燧人氏发明火历经千辛万苦种种磨难；炎帝为发明农业种植和草药而尝尽百草，几经生死，所以《淮南子·修务训》说神农"尝百草之滋味，水泉之甘苦，令民知所辟就，当此之时，一日而遇七十毒"；先秦史书则言大禹为治水十年奔走，三过家门而不入，以至于"胫不生毛，偏枯之病，步不相过"。

不仅创世神和始祖神如此，在对我国远古神话英雄的故事传说及对英雄的讴歌中，同样也反映出一种崇尚奉献与牺牲的精神。在这些神话中，大凡是为社会的进步、为人类的幸福而献身的英雄备受人们的赞颂；反之，凡是那些不利于社会前进、有碍于人类幸福的神性人物则要遭到唾弃与批判。所以为逐日而死的夸父、射日除害的后羿、救民于水患的大禹等均在人民的心目当中占据着崇高的地位；被大水淹死之后变成鸟不停地以木石勇填沧海的精卫，也生生世世为人们所敬重。而那些残害人类的神蛇、怪兽一般的反面人物，即使不被英雄诛灭，也会被历史文化所诛灭。

中国上古诸神所普遍体现的献身精神，是世界其他民族的神话英雄所不具备的。在希腊神话中，其开辟神话充满了血腥：宇宙最先生下了开俄斯（即混沌）、胸怀宽广的地母该亚、地狱之神塔尔塔罗斯、爱神埃罗斯。开俄斯又生了黑夜之神尼克斯和黑暗之神埃瑞波斯。尼克斯和埃瑞波斯结合后生下了太空和白昼。该亚则生了乌拉诺斯（天空）、大海、高山。这时乌拉诺斯成了主宰，他与母亲该亚结合，生了六男六女共十二位天神。后来，第一代主神乌拉诺斯被儿子克洛诺斯阉割了。克洛诺斯与妹妹瑞亚结合也生下了六男六女，宙斯是最小的一个。克洛诺斯害怕他的儿女们像他推翻父亲一样来推翻他，便将自己的所有儿女都吞进了肚子之中。在宙斯出生之前，瑞亚在地母该亚的帮助下逃到了克里特岛，上岛之后才生下了宙斯，宙斯这才幸免于难。后来宙斯联合诸神推翻了父亲克洛诺斯，逼他吐出了哥哥姐姐们。宙斯于是便在奥林匹斯山上建立了神性王国，自己做了至上神。这则希腊神话表明，宙斯的神界秩序是在代代天神们的血肉之躯上建立起来的，更严重的是这种杀戮还都是骨肉之戕。

不独希腊神话如此，巴比伦神话和北欧神话同样也都带有浓浓的血腥味。记载着巴比伦神话的《埃努玛·埃立什》说，开初，神族有两大派：一派象征着无规律的"混沌"，是从汪洋中生出的神怪；另一派象征着有规律的"秩序"，是从汪洋中分化出来的天神。创世的过程被理解为混沌与秩序的战斗过程，最后秩序战胜了混沌，且以混沌族神怪的尸体创造了万物和人类。北欧神话则说，天神奥定杀死了强有力的冰巨人，以他的尸体创造世界上的万物。

3. "佑德保民"和"考验人生"

中国上古神话中的尚德精神不仅仅体现在大神们不食人间烟火的高尚以及伟大的献身精神，同时也体现在他们"保民佑民的责任感"上。在中国人的心目中，既是被人们所礼拜的神，就应该尽到保民佑民的职责。远古时代，中国的许多著名的大神均具有始祖神的身份。这些始祖神均是自己部族中功劳卓越的人物，他

们在为本民族的发展与壮大的过程中或在民族的重大变故中，起到过巨大的作用。他们成为本民族始祖神的先决条件也决定了他们作为大神的责任与义务。特别是自西周以来，由于历史和政治的需要，诸子百家有意识改造神话中的人物形象，将人类理想的英雄美德都加在了他们身上。这种现象所造成的结果，使得存留在上古神话人物身上的野性消失得干干净净，有的只是道貌岸然、冠冕堂皇。于是这些上古的神话英雄或始祖神们以一种崭新的姿态登上了历史舞台，由神祇摇身一变成了品德完美的人间帝王。首先，他们均以天下苍生为重，平治天下、造福人类是他们的根本职责。其中大禹就是一个典范。大禹大公无私，为天下苍生的幸福鞠躬尽瘁。其他如炎帝、黄帝、尧、舜等也莫不如此。同时，中国神话传说中的上古大神们并不以天下为己有，而是举贤授能，并且素有"禅让"的美德。所以，尧年老后便把帝位传给了舜，而舜同样也将帝位传给了大禹。这种境界如此之高之美，以至于后人甚至搞不清这究竟是史实还是神话了。

古希腊的神话与传说表现出了与中国神话大不相同的文化特色。在古希腊神话中，天神与人类一样，也表现出爱、恨、怒、欲望、嫉妒等凡俗的情感。"潘多拉的盒子"便是一个例子：当人类被创造出来以后，英雄普罗米修斯帮助人类观察星辰，发现矿石，掌握生产技术。作为天父的宙斯竟出于对人类的嫉妒，拒绝将"火"送给人类。普罗米修斯从太阳车的火焰中取出火种赠送给人类。宙斯发现之后就将普罗米修斯锁在高加索山上，让凶狠的饿鹰啄食他的肝脏。与此同时，宙斯加紧了报复人类的步伐，他命令火神造出美丽的潘多拉——"有着一切天赋的女人"，诸神赐给她柔媚、心机、美貌，让她带着盒子送给普罗米修斯的兄弟——厄庇墨透斯。厄庇墨透斯留下潘多拉，打开了那给人类带来灾难的盒子，于是从盒子里飞出了痛苦、疾病、嫉妒等，从此人间便陷入了黑暗的深渊。对此，宙斯并不满足，他又发动洪水来灭绝人类。

西方神话中的这种种行径和中国神话的补天、填海、追日、奔月、射日、治水等神话相比，真是判若天壤，不可同日而语。如果宙斯不幸成为中国上古的神王，那么他早就被打进万劫不复的深渊了。

中国上古神话中体现出的这种尚德精神，有一些是先天神话的内在特质，而另一些则是后天人为改造的。它是文明社会中文化的重塑与选择的结果。经过这种文化的重塑与选择，在古老的大神们身上还遗存的一点点"人性"也消失了，剩下的只是远远脱离社会、脱离人类、高高在上、虚无缥缈的理念化形象，于是

他们原有的神性也随之削弱，他们成了人间崇拜的偶像，变成人间帝王们的典范。于是神话中的大神们最终演变成了人间的始祖，敬神变成了祖宗崇拜，神话变成了宗教崇拜。

　　正是这种尚德精神，使中国文化中处处体现出了对"德"的要求。在我们传统的"修齐治平"的人生境界中，将"修身"摆在第一位也说明了这一点。只有"从头做起"，先修身然后才能齐家，再后才能治国、平天下。在后来漫长的文明社会里，无论臣废君取而代之，还是君贬臣、诛臣，往往都有从"德"方面找借口的。似乎只有这样，一个又一个杀机横生的"政变"或"贬诛"才显得名正言顺，顺理成章。这种文化的选择，甚至在今天的社会生活中，在我们民族的思维和习惯中，依然处处可以看到它的影子。

第 5 章　开创宇宙的神话故事

　　天文学的萌芽来自于人类抬头看天，来自于那虚幻缥缈的天空变化；来自于深邃而神秘的曼妙星空；来自于需要我们仰慕和依赖的天神。想想我们自己，最早接触的天文学，就是阿婆、阿奶为我们讲述的牛郎织女、盘古开天的神话故事吧。

　　天文学的源头之一就是神话。有一种神话叫"创世神话"，古代人类无法知晓和理解人是怎么来的，世界上的万事万物是怎样产生的，那就借助于无所不能的上天吧，对那些不能解释的自然现象，我们总能够去想象。

　　"如果你解释不了世界，那就创造一个世界吧。"神话就是试图用简洁易懂的形式来解释世界；而另外一些并不企图解释世界的神话则是为了宣泄人类的激情或恐惧。

　　神话说的是人类的童年，阅读人类社会的童年故事，深入认识人类行为的原始密码，令我们对人自身宿命的观察更为真切而睿智。

5.1　人类创造了神

　　中华文明创作了丰富多彩的神话。它们大多以开天辟地、为民造福、除暴安良、追求光明等为内容，体现了中华民族博大的气概和坚韧的精神。《山海经》《楚辞》《淮南子》中的盘古、精卫、嫦娥，都在中华大地上广为流传，对后世的天文学、文学等有着深远的影响。

　　希腊神话，指的是一切有关古希腊人的神、英雄、自然和宇宙历史的神话（故事）。最早产生于公元前 8 世纪，从口头相传遍布希腊到传播到其他国家逐渐形成规模，后来在《荷马史诗》和《神谱》等著作中被记录下来，后人将它们整理成现在的古希腊神话故事。

　　神灵的历史，是以女神开始的。考古学家发现，在旧石器时代（距今 3 万年左右）及稍晚时期，普遍存在许多小型女性雕像和洞穴壁画。长期以来，这些形象被冠以希腊爱神、美神维纳斯（Venuses）的名字。

　　自古人们对死亡和出生都感觉神奇。大母神（Great Mother，图 5.1）就支撑和包容了这两者。地球之神该亚，就是女性。女性周期性的出生、成长和再生，似乎就是人类的源泉。这种观念在所有的神话和宗教象征中都存在。一切证据都显示，至少在地球人类早期的 20 万年中，神是女性的。木刻的大母神远在石刻的维纳斯之前，只是木头不容易保存下来而已。

图 5.1　大母神，突出了人类起源和延续的特点

　　人类是透过大自然而去发现神的。比如，把世界视为上帝，把宇宙视作上帝的身体，就是所谓的泛神论。大自然的一切就是上帝的恩赐。所以，原始的宗教就产生了。而原始宗教就是利用人们对上帝（天）的崇拜，来确定一些必需的（万物）和生存的法则，来决定人类信仰和法规的制定与发展。

　　十字架（图 5.2）的标志大家都很熟悉。关于十字架最古老的记载可以追溯

图 5.2　耶稣受难和十字架

到苏美尔文明，它是太阳的符号；在古阿兹特克文明中它代表了风和雨；在埃及文明中它是一种生殖和生产符号"生命之树"；在古代中国"十字架"的符号意义则是"大地"。而在古代罗马，众所周知十字架是一种刑具，钉死在十字架上的人大都是斯巴达克斯和耶稣这种动摇帝国基础的犯人。

就像十字架来源于太阳、生命、风、雨一样，人类积累的象征符号讲述着自己关于神、宇宙、生命和死亡的故事。它们形象地表达了人类对周围世界以及自身状况的情感和思想。是自然崇拜过渡到文字时代的崇拜文化的一种必然。是一种图像—标识—象征的进化。

当我们虔诚求拜时，会双手合十（图 5.3），即合并两掌，集中心思，而恭敬礼拜之意。是古印度的礼法，佛教沿用了下来。印度人认为右手为神圣之手，左手为不净之手，故有分别使用两手的习惯；如若两手合二为一，则为人类神圣面与不净面合一，就是用合掌来表现人类最真实的面目。

图 5.3　双手合十

人与神的交往，流传最广、延续时间最久的还是神话故事和神话传说。神话是将个人生活经历融进更宏大的故事的方式，这种更宏大的故事就是个人所属的家庭、部落或者民族的历史故事，就是整个世界之过去、现在和将来的故事。神话是人脑能够探索和想象神的绝佳方式。德国哲学家谢林说得好："每个美丽的神话都不过是经过改装的想象和爱。它们用象形文字的方式来表达周围的自然。除此之外还能是什么呢？"

各个民族都有各自的创世神话，这是人类童年时代基于当时的粗浅认识对宇宙本源的思考。

古埃及神话说：世界之初，是一片茫茫的瀛海，叫"努恩"。他后来生下了太阳神拉。太阳神拉起初是一枚发光的蛋，浮在水面上。拉创造了天地，创造了人类，创造了一切生灵，创造了众神祇。他首先创造了风神舒和他的妻子苔芙努特。苔芙努特是一位狮头女神，她送雨下来，因此又被称为雨神。接着生下地神盖驳和苍穹之神努特。后来他又生下奥西里斯和他的妻子爱茜丝，还生出赛特和他的妻子奈弗提丝，共四对儿女。他们一起创造天地万物，并繁衍人类。

苏美尔神话《恩利尔开天辟地》中说：很久很久以前，宇宙间没有天，也没有地，只有浩瀚无边的海洋。在创世之初，水是最早出现的东西，是宇宙万物之母。在浩瀚无边的海洋里，山慢慢长大，浮出水面后，成为一片陆地，山体里又萌生出了天和地。天是男人，名叫安，地是女人，名叫启。安和启结合在一起，生下了空气之神恩利尔。恩利儿在安和启的怀抱里渐渐长大。长大后的恩利儿与启成婚，繁衍人类。

古希腊神话说：宇宙诞生之前，正处于混沌状态，它是一团浑浊不清的物体。混沌名叫赫卡忒，是一个不成形的东西，万物的种子都在这混沌之内，向着各自的方面转动。渐渐地这些原始的东西慢慢地分离出来，重的部分下沉，就构成了土地名叫该亚；轻的飞腾上去，成为天空名叫尤里诺斯。后来世界变成了我们知道的样子。

印度神话说：创世之初，什么也没有。没有太阳，没有月亮，也没有星辰，只有那烟波浩渺、无边无际的水。混沌初开，水是最先创造出来的。而后，水生火，由于火的热力，水中冒出了一个金黄色的蛋。这个蛋，在水里漂流了很久很久。最后，从蛋中生出了万物的始祖大梵天。始祖将蛋壳一分为二，上半部成了苍天，下半部变为大地。为使天地分开，大梵天又在它们之间安排了空间，在水中开辟了大陆，确定了东南西北的方向，奠定了年月日的概念。宇宙就这么形成了。

中国创世神话，讲了盘古开天，女娲造人的故事：宇宙之卵漂浮在永恒空间之中，它包括两个反作用力——阴和阳。经过无数次轮回，盘古诞生了，宇宙之卵中较重的部分——阴下落形成了地面；较轻的部分——阳上升形成了天空。盘古担心天和地再次融合在一起，就用手脚支撑着天和地，盘古的任务完成后也就死亡了，他的身体部分变成了宇宙的基本物质。而女神女娲非常寂寞，她从黄河水中捞出泥巴来按照自己的样子制作泥人。

在原生文明的创世神话中，最初都是一片混沌，彼此不分，这个混沌不是水就是气。混沌英文叫 Chaos，就是一种纯粹的无序，这也是人类早期观察到的物质状态，从中慢慢分离出天地、万物，形成各种有序。因此，虽然各个民族距离遥远，创世神话不约而同地描述了一个从无序到有序的过程。

目前的说法就认为，宇宙的源头是个奇点，通过一次大爆炸诞生了宇宙。大爆炸开始于约 150 亿年前，奇点体积极小、密度极大、有极高的温度。空间和时间诞生于某种超时空或称之为量子真空，里面充满着均匀而无序的能量。其中，也会产生某些很微小而有序的东西，但是，大多都会被主流的无序能量所"吞噬"和同化，而回归无序状态。某一次，有序的发展没有被吞没，而是不断地发展壮大起来，就造成了空间的膨胀，这，被人们称为"BIG BANG——宇宙大爆炸"。空间扩大，温度降低，促使能量转化成了物质。从而基本粒子、原子一步步地诞生。到了 30 万年后，由于物质在空间的不均匀分布，在引力的作用下逐渐形成了一些物质核，并以此为基础形成恒星和恒星系统，才逐渐过渡到我们认识的那个宇宙。将大爆炸理论和各个创世神话对比，除去最初一段时间内的各种物理细节不谈，总体上也是从彼此不分的"混沌"状态逐渐演化出万物。科学发展到今天，基本哲学思想居然和几千年前的创世神话没什么不同。

5.2 西方宇宙体系的演进过程

古代希腊神话初期，生产力发展水平低下。神话就成了远古人类借助想象而征服自然力的产物。由此，古代希腊神话包括人与神之间的关系和冲突的故事，西方宇宙体系的建立，最早就来源于这些故事。

在古希腊神话中，赫卡忒是原始天神。通过单性繁殖，赫卡忒生有：大地女神该亚、黑暗之神俄瑞波斯、黑夜女神尼克斯和爱神厄洛斯。

该亚生下天神尤里诺斯、海神彭透斯。

黑夜女神尼克斯生有：死神坦那托斯、睡神希普托斯、复仇女神墨涅西斯、不和女神厄里斯、毁灭女神凯雷斯、命运女神莫伊莱。

黑暗之神俄瑞波斯与黑夜女神尼克斯婚配后生有：太空神埃特耳、光明神赫墨拉。

尤里诺斯又与该亚生下十二泰坦神，包括六男六女。

六个男泰坦神：俄克阿诺斯——河流之神；科俄斯——暗神；许佩里翁——最

早的太阳神；克瑞斯——生长之神；伊阿佩托斯——普罗米修斯、厄庇米修斯和阿忒拉斯之父；克洛诺斯——天神（第二代主神）。

六个泰坦女神：提亚——最早的光明女神；瑞亚——时光女神（第二代神后）；特弥斯——水女神、秩序和正义女神，命运女神之母；摩涅莫绪涅——记忆女神，九位缪斯女神之母；福伯——最早的月亮女神；特体斯——最早的海洋女神。

宙斯是克洛诺斯最小的孩子，他确立了自己的统治地位之后，建立了一支众神队伍：

宙斯——万神之王，司天堂、暴风雨、雷鸣和闪电；

赫拉——天后，司女人、婚姻和生育；

波塞冬——海神；

得墨特耳——谷物和耕作女神；

狄俄尼索斯——酒神、狂欢之神；

雅典娜——智慧女神，司艺术、发明和武艺；

赫淮斯托斯——火神，工艺、煅冶之神；

阿佛洛狄忒——爱情女神；

阿瑞斯——战神；

阿尔忒弥斯——月亮和狩猎女神；

阿波罗——太阳神，司音乐、诗歌、艺术、预言、雄辩和医术；

赫耳墨斯——神的使者，司旅游、商业和贸易。

除了诸神自身迅速扩展外，在希腊神话中，许多神还与凡人有染，生下了许多有名的后代。这些神人的后代也是希腊神话传说中的主要角色。比如酒神狄俄尼索斯，英雄珀耳修斯、赫拉克勒斯、波吕丢刻斯和绝世美女海伦，后成为埃及国王的厄帕福斯，等等。

罗马神话是因袭希腊神话而来，并没有独立的神话谱系。所以罗马神话中的诸神与希腊神话中的诸神基本上是重复的，只是这些神话人物有自己的罗马名字。以下是诸神的希腊罗马名字对照：

宙斯——朱庇特；赫拉——朱诺；波塞冬——尼普顿；得墨特耳——刻瑞斯；狄俄尼索斯——巴克斯；雅典娜——密涅瓦；赫淮斯托斯——伏尔冈；阿佛洛狄忒——维纳斯；阿瑞斯——玛尔斯；阿尔忒弥斯——狄安娜；阿波罗——阿波罗；赫耳墨斯——墨丘利；哈里斯——普路托；赫斯提亚——维斯塔。

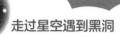

　　世界各地的古人都认为他们自己居住的地方就是世界的中心，因此也就出现了各种各样"唯我独尊"式的宇宙观。随之，为了让所谓的宇宙观更具意义而衍生出独自的宗教和死后的世界观从而发展成文明。

　　古巴比伦人居住的大地被大洋环绕着，而这些大洋则被高岩绝壁所围绕，所以他们认为犹如纺锤形的天空像是拱桥一样搭在上面，天棚的里面则是一片黑暗，天棚的东西各有一个洞，太阳和月亮在这里进出，所以才有日夜交替（图 5.4）。

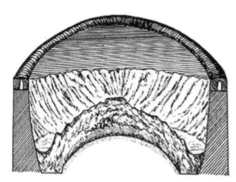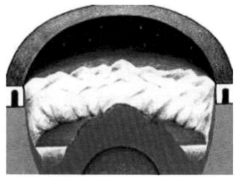

图 5.4　古巴比伦人的宇宙

　　古埃及人认为地球是被植物覆盖的躺卧着的女神盖布的身躯，天神努特则弯曲着身体被大气之神支撑，太阳神和月神各自乘坐两艘小船每天横穿过尼罗河消失在死亡的黑暗中（图 5.5）。

图 5.5　古埃及人的宇宙

　　古希腊人相信这个世界的所有物质都由火、气、水、地四种元素组成。天体是像玻璃一样的透明物质形成，附着在 56 个天球（星体）上旋转。地球则为天球的中心，掌管宇宙的神都住在距离雅典娜 240 千米远的奥林匹斯山上。

中世纪的欧洲人相信这个世界是个圆盘（图 5.6），只有亚洲、欧洲、非洲存在。分开这三块大陆的是顿河（俄罗斯）、红海、地中海，圆盘的中心是耶路撒冷，伊甸园在非洲某处。中世纪的宇宙绘图（图 5.6 右），看上去很美，充满了想象力。

图 5.6　中世纪欧洲人的世界地图和他们设想的宇宙

被认为是绝对真理的宇宙观是出于基督教。圣经里以色列人的宇宙观就如图 5.7 所示，顶上有"天水"、地下有"地涵火岩浆"，方便解释下雨、地震、火山爆发。图中居然还有"臭氧层"，不会是画错了吧？严重怀疑此图的绘制年代！而且，管理天水的水闸由谁来开？阻挡天水的层层保护膜是什么材料制成的？这些问题恐怕现代科技都无法解答。

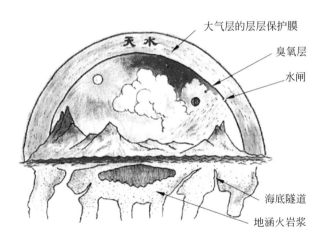

图 5.7　据说是圣经里展示的以色列人的宇宙观

15 世纪末到 16 世纪初，西方国家开始了环球航行。正是这一系列的航行，带来了地球上的地理大发现，不仅发现了美洲，更证明了地球原来是个圆球，彻底终结了那些美丽的神话传说。

更重要的是，西方的文艺复兴运动争取了人类理性的解放，开启了近代宇宙观的大门。近代宇宙观以近代自然科学的兴起为支撑，确立起人类对世界、对宇宙的自信。

笛卡儿提出了主客对立、天人两分的二元论的宇宙观；牛顿把天地万物在机械的力学规律下统一起来；康德的"星云假说"提出宇宙以及太阳系是一个生成过程，将牛顿绝对不变的宇宙观打开了一个缺口。拉普拉斯在几年后也独立地提出了"星云假说"，进一步动摇了牛顿的绝对不变的宇宙观。直至现代的大爆炸宇宙体系的提出。

5.3　中华文明支撑的宇宙体系

中国创世神话经历了漫长的发展历程，由最初单一的解释世界最终发展为完整的体系神话，伴随着中华文明的发展。

5.3.1　开天辟地是中国创世神话的主要元素

创世神话，并非祖先的凭空捏造，而是有着坚实的现实基础，与他们的生产、生活、社会形态有着密切的关系：是生产形式的反映，是社会形态的产物，是生活习俗的升华。例如，葫芦生人神话，就与采集有关；卵生人神话、兽变人或生人神话与狩猎息息相关；水生人神话是原始农耕经济的体现；泥土造人神话则是制陶生产活动的产物；女子造人或生人神话带有母系氏族社会的印痕；兄妹婚神话则是血缘婚制的反映。

民族、国家的形成，是部落联盟中的各个部落的人群与领土进一步紧密融合的结果，而要促成这种融合，必须要形成共同的信仰认同体系，这个信仰认同体系包括对世界起源、人类及族群起源、文化发明等问题的系统性的完整解释，这就导致了系统创世神话的形成。

混沌神话是叙述世界处于一种混沌状态和这种混沌状态被打破的神话。《庄子·应帝王》："南海之帝为儵，北海之帝为忽，中央之帝为混沌。儵与忽时相与遇于混沌之地，混沌待之甚善。儵与忽谋报混沌之德，曰：'人皆有七窍以视听食

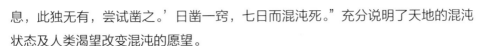

息，此独无有，尝试凿之。'日凿一窍，七日而混沌死。"充分说明了天地的混沌状态及人类渴望改变混沌的愿望。

关于天地形成，盘古开辟天地最为著名，东汉末徐整著《三五历纪》："天地混沌如鸡子，盘古生其中。万八千岁，开天辟地，阳清为天，阴浊为地。盘古在其中，一日九变，神于天，圣于地。天日高一丈，地日厚一丈，盘古日长一丈。如此万八千岁。"所以人们会认为开辟天地的先祖是盘古。盘古开天辟地后，就把一切都献给了世界，这样，宇宙万物就诞生了。

创世神话的另一个核心是人类的诞生。它也是一个从神到人的过程。唐代的《独异志》："宇宙初开，女娲伏羲兄妹，在昆仑山，天下未有民。议为夫妻，又自羞耻。二人上昆仑山顶，咒曰：'天若允则烟合；若不允，则散。'于是，烟合。女娲乃结草为扇，以障其面。"人类就这样诞生了。此外，关于人类的由来还有女娲抟土造人说。

文化起源神话，是对文化事物发明的原因以及方式进行的叙事性解释，包括农作物的起源、火的起源、音乐的起源和文化英雄。如"奚仲作车，仓颉作书，后稷作稼，皋陶作刑，昆吾作陶，夏鲧作城"。此外，黄帝发明了舟车和指南针，伏羲发明了八卦，神农氏发明了医药，嫘祖发明了丝织，女娲创立了人间的婚姻制度，等等，文化事物的发明都与神话密切相关。

5.3.2　混沌世界还是天圆地方

古代中国人把他们所生存的全部空间称为"天下"，中国就是"中央之国"，是宇宙的中心。图 5.8 是朝鲜王朝时期绘制的"天下图"，中国位于世界的中心，称为"中州""中原"。同样，古埃及人的世界是以尼罗河为中心的；古希腊人则认为距离雅典 150 多千米的 Delphi 是"Navelof the Earth"（地球的肚脐），也是中心的意思。

宇宙概念在古希腊意指与"混沌"相对的"秩序"，而在古代中国所指的是空间和时间的统一体。战国末年的尸佼："四方上下曰宇，往古来今曰宙"，"宇"就是包括东西南北四方和上下六合的三维空间，而"宙"就是包括过去现在和未来的一维时间。东汉时代的张衡："宇之表无极，宙之端无穷"的无限宇宙概念。

与宇宙相联系的另一个重要概念是"天地"，它意指人类在一定条件下所能观测到的宇宙范围，而那些尚观测不到的部分叫作"虚空"或"太虚"。

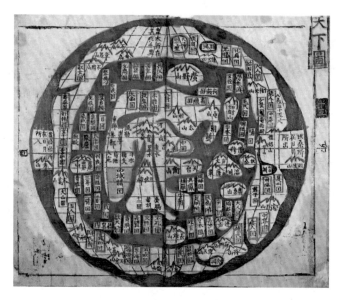

图 5.8　朝鲜王朝"天下图"

　　中国古代宇宙观的特点是宇宙进化论，早在春秋战国时期就形成了宇宙生成的论点。《老子》认为天地万物由"道"生成："道生一、一生二、二生三、三生万物。"《易传》认为天地万物由"太极"生成："太极生两仪，两仪生四象，四象生八卦。"南宋朱熹提出"元气旋涡"假说："这一气运行，磨来磨去，磨得急了，便拶出许多渣滓；里面无处出，形成个地在中央；气之轻者便为天，为日月，为星辰，只在外常周环运转，地便在中央不动，不是在下。"

　　终结古代文明的宇宙观，基本上体现在"天圆地方""天人合一""万物有灵""生生不息""时空混同"等方面，其中最具代表性的就是盖天说和浑天说。

　　盖天说（图5.9）的产生最为古老并最早形成体系，浑天说出现较晚，但地位较高，是中国古代的主流学说，只是它没有一部像《周髀算经》那样系统陈述其学说的著作而已。

　　盖天说的出现可以追溯到商周之际，当时有"天圆如地盖，地方如棋局"的说法。到了汉代盖天说形成了较为成熟的理论。认为"天象盖笠，地法覆盘"，即：天地都是圆拱形状，互相平行，相距8万里，天总在地上。

　　盖天说为了解释天体的东升西落和日月行星在恒星间的位置变化，设想出一种蚁在磨上的模型。认为天体都附着在天盖上，天盖周日旋转不息，带着诸天体东升西落。但日月行星又在天盖上缓慢地东移，由于天盖转得快，日月行星运动

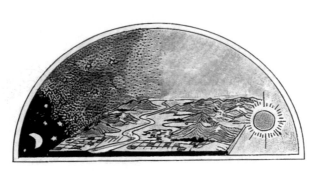

图 5.9　盖天说

慢，被带着作周日旋转，就像磨盘上几个缓慢爬行的蚂蚁，虽然它们向东爬，但仍被磨盘带着向西转。

太阳在天空的位置时高时低，冬天在南方低空中，一天之内绕一个大圈子，轨道很大，直径有 47.6 万里；夏天在天顶附近，绕一个小圈子，直径只有 23.8 万里；春秋分则介于其中。盖天说又认为人目所及范围为 16.7 万里，再远就看不见了，所以白天的到来是因为太阳走近了，晚上是太阳走远了。这样就可以解释昼夜长短和日出入方向的周年变化。

盖天说的主要观测器是表（即髀），利用勾股定理做出定量计算，赋予盖天说以数学化的形式，使盖天说成为当时有影响的一个学派。

《张衡浑仪注》被视为浑天说的纲领性文献：

浑天如鸡子。天体（这里意为"天的形体"）圆如弹丸，地如鸡子中黄，孤居于内。天大而地小。天表里有水，水之包地，犹壳之裹黄。天地各乘气而立，载水而浮。周天三百六十五度又四分度之一，又中分之，则一百八十二分之五覆地上，一百八十二分之五绕地下。故二十八星宿半见半隐。其两端谓之南北极。北极乃天之中也，在正北，出地上三十六度。然则北极上规径七十二度，常见不隐；南极天之中也，在南入地三十六度（图 5.10），南极下规径七十二度，常伏不见。两极相去一百八十二度半强。天转如车毂之运也，周旋无端，其形浑浑，故曰浑天也。

在浑天说中大地和天的形状都是球形，这一点与盖天说相比更接近今天的认知。但要注意它的天是有"体"的，这意味着某种实体（就像鸡蛋的壳），类同于亚里士多德的水晶球体系。

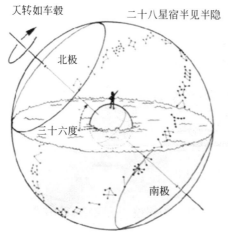

图 5.10　浑天说

　　浑天说中球形大地"载水而浮"的设想造成了很大的问题。因为在这个模式中，日月星辰都是附着在"天体"内面的，而此"天体"的下半部分盛着水，这就意味着日月星辰在落入地平线之后都将从水中经过，这实在与日常的感觉难以相容。于是后来又有改进的说法，认为大地是悬浮在"气"中的，比如宋代张载说"地在气中"，这当然比让大地浮在水上要合理一些。

天文小贴士：玛雅文明与地球灾难

　　玛雅（Maya）文明是拉丁美洲古代印第安人文明，以印第安玛雅人而得名，约形成于公元前 2500 年，主要分布在墨西哥南部、危地马拉、巴西、伯利兹以及洪都拉斯和萨尔瓦多西部地区。玛雅文明诞生于公元前 10 世纪，它在科学、农业、文化、艺术等诸多方面，都做出了极为重要的贡献。相比而言，西半球诞生的另外两大文明——阿兹台克（Aztec）文明和印加（Inca）文明，与玛雅文明都不可同日而语。

　　但是，让世人百思不得其解的是，作为世界上唯一一个诞生于热带丛林而不是大河流域的古代文明，玛雅文明与它奇迹般地崛起和发展一样，其衰亡和消失更是充满了神秘色彩。8 世纪左右，玛雅人放弃了高度发展的文明，大举迁移。他们创建的每个中心城市都终止了新的建设，城市被完全放弃，繁华的大城市变得荒芜，任由热带丛林将其吞没。玛雅文明最终消失于美洲的热带丛林中。

1. 玛雅文明的发现

1839 年，探险家斯蒂芬斯率队在中美洲热带雨林中发现古玛雅人的遗迹：壮丽的金字塔、宫殿和用古怪的象形文字刻在石板上的高度精确的历法。

考古学界对玛雅文明湮灭之谜，提出了许多假设，诸如外族入侵，人口爆炸，疾病，气候变化……各执己见，给玛雅文明涂上了浓厚神秘的色彩。

为解开这个千古之谜，20 世纪 80 年代末，一支包括考古学家、动物学家和营养学家在内的共 45 名学者组成的多学科考察队，踏遍了即使是盗墓贼也不敢轻易涉足的常有美洲虎和响尾蛇出没的危地马拉佩藤雨林地区。这支科考队用了 6 年时间，对 200 多处玛雅文明遗址进行了考察，结论是：玛雅文明是因争夺财富及权势的血腥内战，自相残杀而毁灭的。玛雅人并非是传说中那样热爱和平的民族，相反，在公元 300—700 年这个全盛期，毗邻城邦的玛雅贵族们一直在进行着争权夺利的战争。玛雅人的战争好像是一场恐怖的体育比赛：战卒们用矛和棒作兵器，袭击其他城市，其目的是抓俘虏，并把他们交给己方祭司，作为向神献祭的礼品。

玛雅社会曾相当繁荣。农民垦植畦田、梯田和沼泽水田，生产的粮食能供养激增的人口。工匠以燧、石、骨角、贝壳制作艺术品，制作棉织品，雕刻石碑铭文，绘制陶器和壁画。商品交易盛行。但自公元 7 世纪中期开始，玛雅社会衰落了。随着政治联姻情况的增多，除长子外的其他王室兄弟受到排挤。一些王子离开家园去寻找新的城市，其余的人则留下来争夺继承权。这种"窝里斗"由原来为祭祀而战变成了争夺珠宝、奢侈品、王权、美女……战争永无休止，生灵涂炭，贸易中断，城毁乡灭，最后只有 10% 的人幸存下来。

目前，仍有 200 万以上的玛雅人后裔居住在危地马拉低地以及墨西哥、伯利兹、洪都拉斯等处。但是玛雅文化中的精华如象形文字、天文、历法等知识已消失殆尽，未能留给后代。

2. 玛雅的太阳季预言

"地球并非人类所有，人类却是属于地球所有。"——玛雅预言

根据玛雅预言，现在我们所生存的地球，已经是在所谓的第 5 太阳纪，到目前为止，地球已经过了 4 个太阳纪，而在每一纪结束时，都会上演一出惊心动魄的毁灭剧情。

第一个太阳纪是马特拉克提利（MATLACTIL ART），最后为一场洪水所灭，类似诺亚的洪水；第二个太阳纪是伊厄科特尔（Ehecatl），被风蛇吹得四散零落；

第三个太阳纪是奎雅维洛（Tleyquiyahuillo），是因天降火从而步向毁灭之路；第四个太阳纪是宗德里里克（Tzontlilic），是在火雨的肆虐下引发大地覆灭。

玛雅年代的记录，全部都在"第五太阳纪"时宣告终结，因此，玛雅预言地球将在第五太阳纪迎向完全灭亡的结局。那时，太阳会消失，地球开始大剧变，地球就要毁灭。而第五太阳纪终结的日子，就是公元 2012 年 12 月 22 日前后。

3. 玛雅人的天文学知识

种种预言大多与天文学有关。玛雅人的天文学知识是相当完备的，其中历法方面的知识达到了很高的水平。

在玛雅历法中一年固定为 365 天，并以此来测量各种天文现象。

玛雅人同时也精确地测算出了月亮运行的周期。起初，玛雅人的一个月是 30 天，但很快，他们就发现，实际上每个月的时间要比 30 天短。接着，他们又使用了每个月 29 天的历法，可是又发现月亮旋转的周期比 29 天要长。当这些事情发生后，他们开始轮流使用 29 天一月制与 30 天一月制。

金星是古代玛雅天文学家重点观测的行星之一。对于金星，也认为它是启明星，但没有为它起名字。在《佩雷斯古抄本》一书中有"玛雅黄道十二天宫图"，包括 13 个位置层。北极星也有其重要地位。它出现的位置永恒不变，同时，与它相继的其他星座也绕北极星而动，使北极星成为一个可靠的参照物。

4. 玛雅人的"卓金历"和"世界末日"

玛雅的历法非常复杂，有 365 日为周期的太阳历，以 260 日为周期的卓金历，六个月为周期的太阴历，29 日及 30 日为周期的太阴月历等，不同的周期有不同的历法。

但奇怪的是，在太阳系内却没有一个适用卓金历的星球。依照这种历法，这颗行星的大致位置应在金星和地球之间。

有玛雅学者认为，这个叫"卓金历"的历法记载了"银河季候"的运行规律，而据"卓金历"所言：所谓的"第五个太阳纪"，时间是从公元前 3113 年起到公元 2012 年止。在这个"大周期"中，运动着的地球以及太阳系正在通过一束来自银河系核心的银河射线。这束射线将毁灭地球和人类。

玛雅人把这个"大周期"称为"地球更新期"。在这个时期中，地球要完全达到净化。而在"地球更新期"过后地球将走出银河射线，进入"同化银河系"的新阶段。

第6章　天文望远镜

　　天文望远镜——天文爱好者的终极梦想，每个对天空充满好奇的青少年都想拥有，甚至是看一看、摸一摸都会那么心满意足。我记得，自己第一次用天文望远镜观测星空，用的是我们国家很早的一台一米口径的望远镜。虽然早就知道星空的壮丽，知道在望远镜视场里，不同表面温度的恒星会是五颜六色的，但是，用天文望远镜观测时还是被深深地震撼了，那种震撼是前所未有的。

6.1　同样的天体，不一样的画面

　　天上的星星，我们肉眼能够看到的有 6000 多颗，用天文望远镜，会看到无数颗，只好用密密麻麻去描述。

　　而且，肉眼看到的，只是天体在可见光波段发出的光。根据天体表面温度的不同，它们的发光范围，严格地说应该是发出电磁辐射（图 6.1）的波长范围，可以从最长的无线电波一直到最短的 γ 射线（就是宇宙射线）、X 射线。

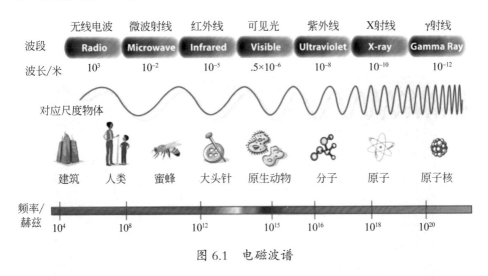

图 6.1　电磁波谱

　　太阳辐射最强的波长段是在 580nm 左右，同时还有波长更长的红外辐射和波长较短的紫外辐射，所以，我们肉眼看到的太阳是白色偏黄的，在恒星分类里，

它属于黄矮星。大部分的天体都是具有多波段辐射能力的，但是，能做到电磁波谱波段全覆盖的天体不多，最著名的就是"蟹状星云"中间的那颗中子星，它能做到全波段辐射（图 6.2），而且，各个波段的辐射强度还基本相当！

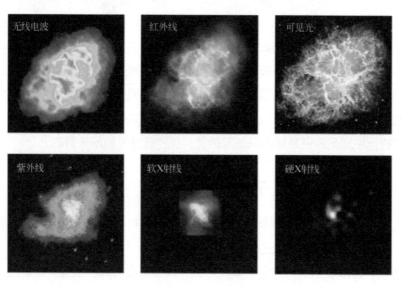

图 6.2　不同波段的天文望远镜拍到的"蟹状星云"

再看看我们的银河，图 6.3 是我们肉眼看到的银河系，当然，拍摄这张照片，必须在暗夜条件极好的地点，还需要你是经验丰富的观测人员或者是星霸级的天文摄影发烧友。

图 6.3　银河

作为天文研究的需要，天文学家需要在各个不同的电磁辐射波段拍摄银河系，我们这里只是让你看看，同样的"天河"换了不同的"马甲"会怎样不同（图 6.4）！

可见光波线

X 射线波段

γ 射线波段

红外线波段

微波射线波段

无线电波波段

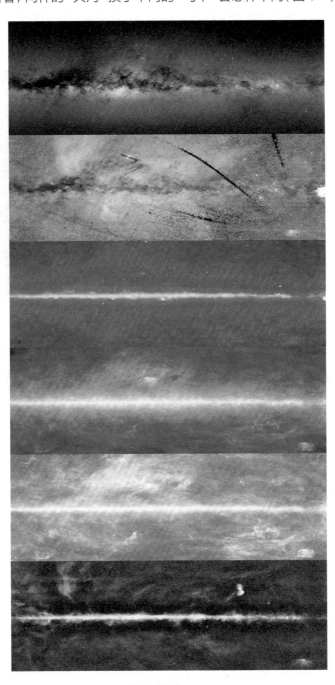

图 6.4　不同波段的银河

如果天文学家真的能够在地球上、在地面接收到来自天体的各种辐射，那人类就无法在地面生存了。圈层地球，有一个提供给我们生命所需的氧气，保护我们不受紫外、高能粒子辐射的大气层，它也是天文观测最大的敌人，因为，厚厚的大气层，只为我们进行天文观测开设了两个半窗口（图6.5）。

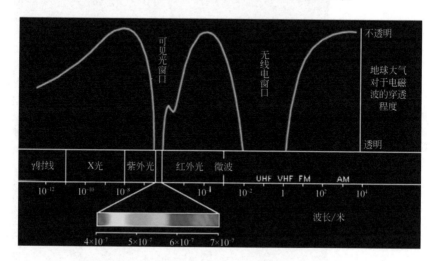

图 6.5　大气层为天文观测只开了"两个半"窗口

一个窗口是伽利略最先利用的，就是可见光窗口，我们可以看见太阳、月亮和漫天的繁星；另一个窗口在无线电波段，就是射电天文望远镜，那些"大锅"，20世纪60年代才开始被我们发现、利用。那半个窗口在红外波段，是因为红外波段的电磁辐射，最容易被水蒸气吸收，而大量的水蒸气是靠近地面的，所以，起码要把望远镜架到几千米的高山上，才能观测到天体的红外辐射。

随着空间技术的发展，我们还可以把天文望远镜发射上天，到大气层之外。所以，最新的天文观测成果，基本上都来自最新发展起来的空间望远镜。

6.2　折射　反射　折反射

天文望远镜的类型分：折射、反射、折反射三类。

最早的天文望远镜是折射望远镜，它是意大利的天文学家伽利略发明的，它采用一块凸透镜作为物镜将光线汇聚，是最简单的一种望远镜。但是，单块透镜会带来许多的光学缺陷，比如色像差（chromatic aberration），色差就是由于玻璃对不同颜色光线的折射率不同，导致焦距不同，天体的成像会在不同的望远镜焦点平面位置上。单块透镜成像还会产生较严重的像差，即"像"与"物"在形状与颜色方面的失真。

一般折射望远镜的物镜，是由两块不同折光率的玻璃镜片组成，以减少色差，使红蓝两色的影像聚在同一焦点上，这类镜头称为消色差镜头（achromatic lens）。严格来说，这类镜头影像外围仍有一个很淡紫色的光晕。

色像差是折射式望远镜最难以克服的问题。此外，磨制大口径且高精度的镜片不易，造价昂贵，镜片沉重，易变形，也都是其致命的缺点。所以，折射望远镜不能造得很大。

为了减少镜头的球面像差（spherical aberration），彗形像差（coma）及像散（astigmatism），一般可将焦比值增大，因此一般折射望远镜的口径与焦距比（焦比）起码在 f10~f16。

由于折射望远镜筒可以密封，所以维修保养方面较为方便，更适宜于搬往野外使用，同时亦不受镜筒内气流的影响。由于镜头起码由两块玻璃组成，所以成本（要磨制四块镜面）较同口径的反射望远镜昂贵。Yerkes 天文台（图 6.6）的40 英寸（102cm）折射望远镜为此类之最大者，在美国芝加哥大学。

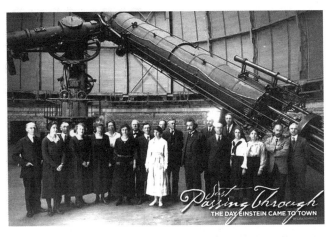

图 6.6　爱因斯坦参观世界上最大的折射天文望远镜

反射式天文望远镜的发明者是英国的牛顿（图 6.7）。它是利用一块镀了金属（通常是铝）的凹面玻璃聚焦，由于焦点在镜前，所以必须在物镜焦点之前用另一块镜将影像反射出镜筒外，再用目镜放大。但是，反射望远镜由于物镜暴露在空气中，很容易被腐蚀，所以，需要经常处理和定期镀膜。

图 6.7　牛顿的望远镜和地球上最大的"甚大望远镜"

　　折反射望远镜（图 6.8），是 1930 年由施密特发明并最早用于天文摄影的。主要是利用一球面凹镜作为主镜以消除彗形像差，同时利用一非球面透镜（aspheric lens）放于主镜前适当位置作为矫正镜以矫正主镜的球面差。这样可以得出一个阔角（可达 40 ~ 50 度）的视场而没有一般反射镜常有的球面差与彗形像差，只有矫正镜造成的轻微色差而已。

图 6.8　折反射望远镜和推荐初学者使用的带支架的双筒望远镜

　　一般天文爱好者用的是施密特卡式折反射望远镜，利用一块凸镜作为副镜，在主镜焦点前将光线聚集，穿过主镜一个圆孔而聚焦在主镜之后。因为经过一次反射，所以镜筒可以缩短，通常焦比在 f6.4~f10。

6.3　10 厘米　100 厘米　1000 厘米

公元前 3500 年前后腓尼基人在沙漠中烹煮食物无意发现玻璃的制造方法，直至 5000 年后，才有人发明了将玻璃磨成透镜并进而制成望远镜的方法。望远镜的发明者被认为是 17 世纪的荷兰商人利伯希。

1608 年荷兰米德尔堡眼镜师李波尔造出了世界上第一架望远镜。不过最早的天文望远镜公认是由伽利略在 1609 年发明，口径 10 厘米，可提供 30 倍的放大率，是第一部投入科学应用的实用望远镜。伽利略利用自制的天文望远镜观测到了月球陨石坑、太阳黑子、木星的 4 颗卫星（图 6.9）和土星环等。

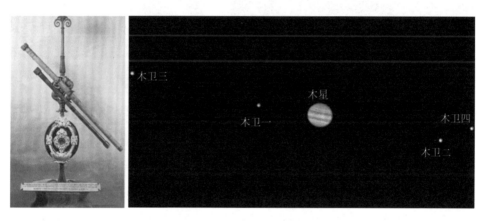

图 6.9　伽利略的天文望远镜看到了木星和它的 4 颗卫星

开普勒也研究望远镜，他提出了另一种天文望远镜，这种望远镜由两个凸透镜组成，比伽利略望远镜视野宽阔。沙伊纳于 1617 年间首次制作出了这种望远镜。荷兰的惠更斯为了减少折射望远镜的色差在 1665 年做了一架筒长近 6 米的望远镜。

1672 年牛顿提出了一种新的望远镜设计概念，使用一面凹透镜将光线聚集并反射到焦点上，因此被称为反射望远镜。1793 年英国的赫歇耳制作了一架直径为 130 厘米的反射式望远镜，用铜锡合金制成，重达 1 吨。他一生制作了 400 多架天文望远镜。

1845 年英国的帕森制造的反射望远镜，反射镜直径为 1.82 米。1917 年，胡克望远镜在美国加利福尼亚的威尔逊山天文台建成。它的主反射镜口径为 100 英寸（2.54 米）。正是使用这架望远镜，哈勃发现了宇宙正在膨胀的惊人事实。

随后的海尔望远镜（图 6.10）直径达到 5.08 米，一直"统治"天空 30 多年。

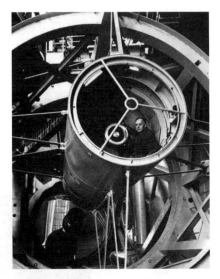

图 6.10　位于夏威夷帕罗马山天文台的海尔望远镜

1930 年，第一架折反射望远镜由德国人施密特制造。

1931 年，在美国新泽西州的贝尔实验室里，负责专门搜索和鉴别电话干扰信号的美国人杨斯基，开创了用射电波研究天体的新纪元。他使用的是长 30.5 米、高 3.66 米的旋转天线阵，在 14.6 米波长取得了 30 度宽的"扇形"方向束，射电望远镜开启历程。

1990 年，NASA 将哈勃太空望远镜送入轨道，1993 年宇航员完成太空修复并更换了透镜后，哈勃望远镜开始全面发挥作用。空间望远镜逐渐受到人们的重视，避开了大气的影响，也不会因重力而产生畸变，因而可以大大提高观测能力及分辨本领。

1993 年，美国在夏威夷莫纳克亚山上建成了口径 10 米的"凯克望远镜"，其镜面由 36 块 1.8 米的反射镜拼合而成。2001 年，设在智利的欧洲南方天文台研制完成了"超大望远镜"（VLT），它由 4 架口径 8 米的望远镜组成，其聚光能力与一架 16 米的反射望远镜相当。

开普勒太空望远镜于 2009 年 3 月发射升空，位于距离地球 0.5 个天文单位的某个高空位置，隶属于美国宇航局。开普勒太空望远镜是世界上首个用于探测太阳系外类地行星的飞行器。

　　美国宇航局用开普勒太空望远镜来发现宇宙中的类地行星。在为期至少 3 年半的任务期内，开普勒太空望远镜对天鹅座和天琴座中大约 10 万个恒星系统展开观测，以寻找类地行星和生命存在的迹象。

　　阿塔卡玛大型毫米波天线阵（Atacama Large Millimeter Array）是国际合作建造的大型射电望远镜阵列，位于智利北部查南托高原的拉诺德查南托天文台，地处安第斯山脉 5000 多米海拔的山顶之上，那里是地球上气候最干燥的地区之一，海拔高，非常适合毫米波天文观测。阿塔卡玛大型毫米波天线阵由 66 个无线电天线组成，分布范围最远可达 16 千米，是世界上最大、最先进的射电望远镜阵列。

　　詹姆斯韦伯望远镜由美国制造，耗资 45 亿美元。主要用于红外波段的观测，为了遮挡太阳光的影响，它有一个面积像网球场大小的遮阳板，运行在月球轨道之外的星际空间，用来接替退休的哈勃望远镜，帮助天文学家观察宇宙诞生后形成的首批星系。

　　巨型麦哲伦望远镜由美国和澳大利亚共同建设和研究，选址于智利拉斯坎帕纳斯天文台，于 2021 年投入使用。巨型麦哲伦望远镜与大型双筒望远镜原理相似，但它的镜头增加到 7 个，每个镜头直径大约为 8.4 米。巨型麦哲伦望远镜的独特设计使得它的聚光能力相当于一面直径为 25.6 米的巨型望远镜，功能是当前最大光学望远镜的 4.5 倍，成像清晰度达到哈勃太空望远镜的 10 倍。

　　三十米望远镜仍处于项目申请阶段，主镜头最高可以形成直径 30 米的集光面。巨型主镜分割为 492 块分片，每块分片都可以自动调整和改变位置以确保观测精度。科学家计划用三十米望远镜观测宇宙早期的状况，更好地研究星系和恒星的起源。

　　1609 年，伽利略将望远镜第一次指向天空，这个小小的举动成就了开创性的伟大发现，它所引发的天文学科技变革深深地影响并改变了我们的宇宙观、世界观。到现在为止，在地面和太空中的望远镜能够对宇宙进行一天 24 小时不间断地全波段探测。随着科学技术的发展和人类研究领域的不断深入，天文望远镜必将人类的视野带到宇宙更遥远的地方。人类探索外太空的脚步会永不停止。

🪐 天文小贴士：阿雷西博射电望远镜

位于波多黎各的阿雷西博射电望远镜（Arecibo Telescope），2020 年，受飓风影响崩塌了。900 吨的接收器坠落 150 米（图 6.11），以最悲壮的方式，拥抱了在其下方默默相对 57 年的球形镜面。

图 6.11　阿雷西博射电望远镜的接收器坠落

1963 年 11 月 1 日，阿雷西博望远镜正式启动。而它的谢幕，发生在 2020 年 12 月 1 日美国东部时间的清晨 6 点 55 分，波多黎各时间 7 点 55 分。

当年阿雷西博射电望远镜的选址，和贵州天眼一样，是看中了当地的天然溶洞方便建造。然而加勒比海的狂风暴雨，显然给阿雷西博的维护工作带来了不可估量的麻烦。

2006 年，NASA 就停止了资助，同年底国家科学基金会开始考虑关闭的可能性。虽然后来由于社会压力又恢复赞助了一段时间，但是阿雷西博历史使命完结的大趋势最终未能逆转。阿雷西博在风雨飘摇中苦苦支撑。2017 年的飓风玛丽亚，刮断了它的一根电缆，造成小面积的镜面损伤。即使损失不大，也没有足够资金用来修复。

虽然大家早已有了心理准备，它的东家——美国国家科学基金会早就宣布将它退役并准备拆除，但直径 305 米的阿雷西博射电望远镜，曾经是地球的"天眼"——世界上最大的单孔径望远镜，直到 2016 年中国贵州 500 米口径的新"天眼"（图 6.12）建成。这样一个结局，不免哀声与震惊一片。

图 6.12　中国贵州的"天眼"

　　阿雷西博在 57 年的光辉岁月中，为人类天文学做出了卓越的贡献。通过它的观测数据，科学家计算出水星的自转周期是 59 天，证实了中子星的存在，检测到第一个毫秒脉冲星，而最引人瞩目的成就，是两位科学家在此发现了第一个脉冲双星系统，从而找到引力波存在的间接证据，验证了广义相对论，于是双获诺贝尔物理学奖。

　　阿雷西博的名气，也引起娱乐界的关注。在阿雷西博天文台小礼堂内墙壁上挂着许多张电影海报。这里曾经是布鲁斯南版 007《黄金眼》的决战之地。而在备受众多科幻影迷推崇的《超时空接触》中，阿雷西博的出场更符合它的窥探气质。

　　1974 年，阿雷西博对准 25000 光年之外武仙座的 M13 星团发射了一个问候信息，里面包含了 1679 个比特的序列。1679 是 23 和 73 两个质数的乘积，我们希望接收到这个信息的外星文明，可以解译出这个 73x23 的图形。这里包含了地球与人类的太多隐私，比如我们擅长的十进制、人类 DNA 的元素与基本结构、地球人口数目（1974 年）、地球的位置，甚至地球男人的平均身高等。而且，阿雷西博还很自恋地放入了自己的精确口径——306.18 米。那时的人，对宇宙的黑暗森林法则还不了解，现在，后悔也晚了。M13 星团拥有 30 万颗恒星，希望那里的外星人都是善意的。如果阿雷西博发射的信息没有中途被其他外星人截获的话，大概 50000 年后才会知道是福是祸，人类有充足的时间做好（战斗）准备。

第7章　天文制作课程2
——制作恒星的演化图

1. 知识导航

我们都知道人的一生可以大致分为幼年期——青年期——壮年期——老年期。恒星也跟人一样，也有着属于自己的独特生命历程。不同的是，小质量的恒星，死亡之后会变成（白、褐）矮星；大质量的恒星死亡之后会形成中子星、黑洞（图7.1）。

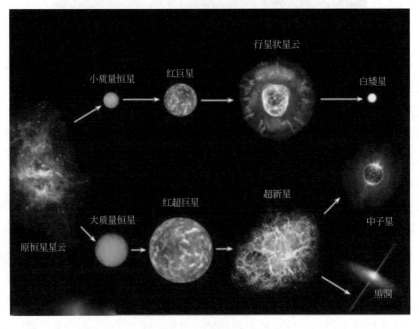

图 7.1　恒星的一生与它的质量大小密切相关

2. 天文工作坊——制作一幅恒星演化图

材料：KT 板或卡纸、橡皮泥、彩色笔、铅笔。

制作步骤如下。

步骤 1：用铅笔在 KT 板或卡纸上描出恒星的演化路径（图7.2）。

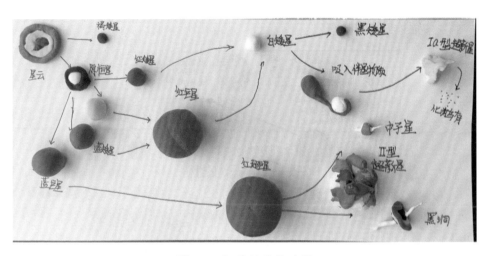

图 7.2　恒星的演化路径

想一想，在哪里要分出很多"岔路口"？

步骤 2：用不同颜色和大小的橡皮泥制作出不同时期的"恒星"。

步骤 3：给这些不同年龄的"恒星"在恒星的演化图上找到合适的位置（图 7.3）。

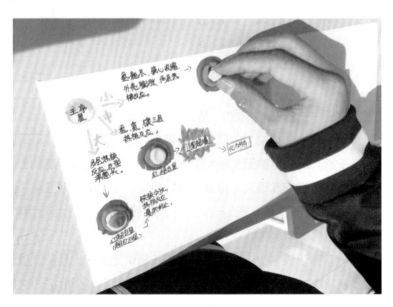

图 7.3　找到恒星的位置

步骤 4：用彩色笔标记出不同时期恒星的名字，例如"星云""红巨星""白

矮星""黑洞"等（图 7.4）。

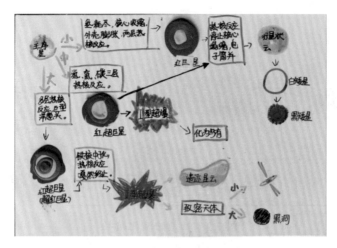

图 7.4　标记名称

3. 历史人物——威廉·赫歇尔（Wilhelm Herschel）

威廉·赫歇尔是恒星天文学的创始人，被誉为恒星天文学之父，同时也是古典作曲家、音乐家，英国皇家天文学会第一任会长，法兰西科学院院士。他用自己设计的大型反射望远镜发现天王星及其两颗卫星、土星的两颗卫星、太阳的空间运动、太阳光中的红外辐射；编制成第一个双星和聚星表，出版星团和星云表；还研究了银河系结构。

威廉·赫歇尔对于天文望远镜的贡献更是无与伦比的，也是制造望远镜最多的天文学家。从 1773 年起，他亲自动手磨制镜头就磨了半个世纪。这是一项极为枯燥又繁重的体力加脑力工作，要把一块坚硬的铜盘磨成规定的极其光洁的凹面形，表面误差比头发丝还要细许多倍，中途不能停顿，其难度可想而知。所以有时他要连续干上 10 多个小时，吃饭只能由他妹妹来喂。开始时他连续失败了

200 多次，以至于他的一个弟弟终于失去了耐心，颓丧地离他而去。直到 1774 年他才制成了一架口径 15 厘米、长 2.1 米的反射望远镜，天王星的发现正是它的突出成果。在英王乔治三世的大力支持下，通过 3 年多的不懈努力，终于在 1789 年他 51 岁时，制造出了称雄世界多年的最大望远镜，它的镜筒直径达 1.5 米，差不多要 3 个人才能合围，镜筒长 12.2 米，竖起来有 4 层楼高，光是镜头就重 2 吨！这架像巨型大炮似的望远镜在使用的第一夜，就发现了土星的第一颗卫星——土卫二，2 个月后又发现了土卫一。

赫歇尔一家可称为天文世家，他的妹妹卡罗琳·赫歇尔也是一位了不起的女性。她终生未婚，与哥哥朝夕相处 50 年，赫歇尔的许多发现中有她的一份功劳。她自己也有不少成就：发现了 14 个星云与 8 颗彗星，对星表做了修订，补充了 561 颗星，直到 1848 年 98 岁时去世。

赫歇尔的独子约翰·赫歇尔是英国皇家天文学会的创始人之一，发现的双星多达 3347 对，发现了 525 个星团星云，记下了南天的 68948 颗恒星，1849 年撰写的《天文学纲要》是对当时天文学的最好总结，对全世界都有深远的影响。

🛸 天文小贴士：行星凌（冲）日

1. 水星、金星凌日

水星、金星从地球与太阳之间经过时，人们会看到一个小黑点从日面移过，这就是水星、金星凌日（图 7.5）。其实水星、金星凌日，就像日月食，也是一种交食现象，只是由于水星、金星的视圆面远小于太阳的视圆面，才使得它表现为在日面上出现一个缓慢移动的小黑点。水星、金星有凌日现象，但是火星、木星、土星、天王星、海王星则都没有凌日。这是因为水星和金星都是在地球的公转轨道内侧环绕太阳公转，它们有机会从太阳和地球之间通过，这是产生行星凌日的必需条件。而火、木、土、天王、海王各大行星都是在地球公转轨道的外侧环绕太阳公转，它们也会和太阳、地球形成一条直线排列，只是太阳是在中间（图 7.6）。这种现象叫作"行星冲日"。

2. 行星凌日的科学价值

凌日是一种难得的天象，也是天文学家认识宇宙的重要工具。借助于水星、金星凌日，天文学家曾较为精确地测量了日地距离；天文学家也在利用凌日法寻找其他恒星周围的大行星。

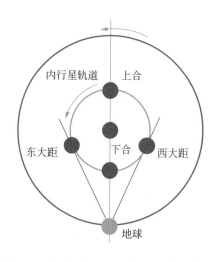

图 7.5　内行星凌日及轨道位置示意图

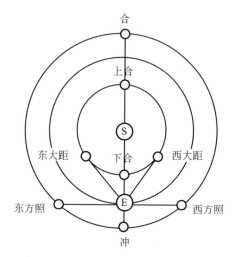

图 7.6　外行星冲日及轨道位置示意图

公元前 3 世纪，古希腊学者埃拉托色尼第一次测量了地球的半径。虽然我们不知道他所使用的距离单位与我们今天所使用的单位之间如何换算，但从理论上讲，知道了地球半径之后，如果再知道太阳视差，我们就能够计算出地球到太阳的距离。

地球到太阳的距离在天文学上被称为"天文单位"，它是天文学中的基本单位之一。太阳视差是一个角度：地球半径对于太阳中心的张角。然而，确定太阳视差并非一件容易的事。在埃拉托色尼之前，曾有人提出一种在弦月时太阳—月球—地球成直角，测出月球和太阳的角距离，进而得到太阳视差的测量方法，然而这个方法误差很大。

天文学家第一次目击金星凌日是在 1639 年。直到 1677 年，哈雷在观测水星凌日后终于意识到，人们可以借助金星凌日来测量日地距离。

1677 年，21 岁的哈雷对将要发生在 1761 年的金星凌日作了预报，他明白，自己是无法亲自看到那年的金星凌日了。但哈雷相信，只要通过观测金星凌日得到了金星的视直径，并且知道金星的公转周期，则可以很容易地由开普勒第三定律推算出太阳视差。

1761 年，天文学家按照哈雷给出的预测纷纷前往合适的观测点观测金星凌日。他们从大约 70 个观测点得到的数据印证了哈雷生前的预言，并在人类历史上第一次较为准确地计算出了天文单位的长度。但是这个结果仍然远没有哈雷预计的那样乐观，因为各个观测点的天气不一定适合观测，并且天文学家无法精确地确定观测地点的经度。另外，哈雷在他的计算中也犯了点错误，并不是如他预言的所有地点都能够看到那次金星凌日。

更为糟糕的是，天文学家们在观测金星凌日时遇到了一种被称为"黑滴效应"的现象，这使得很难确定金星与日面内切的时刻，而根据哈雷提供的方案，计时的精度会直接影响观测结果。

黑滴效应为，金星运行至与日面内切附近位置时出现一种金星边缘与太阳边缘被油滴状黑影"粘连"在一起的现象。这种现象使得观测者难以把握金星完全进入日面的时刻。黑滴效应因此声名狼藉，有人把它称为导致历史上首次大型国际科学项目失败的罪魁祸首。实际上只有当黑滴与太阳边缘完全断裂时，才是真正的凌始内切。

天文学家们最终根据 1761 年不同观测结果计算出的日地距离相互之间存在明显的出入，最小与最大的结论之间的差距超过了 2800 万千米。现代天文观测结果告诉我们，日地距离大约为 1.5 亿千米。

金星凌日与天文单位之间一波三折的故事已经成为往事。今天金星凌日本身的科学意义已经很小。不过，这种现象为天文学家寻找其他的"太阳系"提供了一种重要的方法。

太阳系外的行星遥远而且深藏在其恒星的光芒之中，想"看"到它们绝非易事。举例来说，木星是太阳系最大的行星，距太阳约 5 个天文单位，它庞大的身躯抵得上 1316 个地球。然而，如果有外星人在距我们最近的恒星半射手 α 星观察太阳系，木星距太阳则只有 4 角秒距离，亮度仅为太阳亮度的十亿分之一。假设外星人拥有的观测设备与人类最好的设备相仿，那么在他们看来，木星是完全淹没在太阳的光辉中而不可见的。事实上，绝大多数恒星都要比半射手 α 星远得多。所以，从地球上看其他恒星的行星也是非常困难的。

于是，天文学家为了让外星行星"现身"，探索出了一些间接的探测方法。恒星看起来并不是纹丝不动的，恒星与它的行星一起围绕二者的质心运动。这种围绕质心运动的过程在观察者看来恒星是在周期性地"摆动"。对这种"摆动"进行探测，就能确定恒星周围可能有行星的存在。

探测恒星的"摆动"，一种方法是多普勒法。另一种方法，就是利用行星凌日的原理，直接测量恒星在更遥远的恒星背景上的"摆动"。当然，这需要探测

仪器有相当的精度。

自 1992 年发现第一颗太阳系外行星至今，天文学家已经发现了超过 120 颗太阳系外行星。然而运用上面这些方法时有一个明显的缺陷，即它们无法测得行星的轨道倾角，也就无法得知它们的确切质量。所有已知的太阳系外行星中只有一个例外。

这个唯一的例外者就是编号为 HD209548 的行星。它的质量是木星质量的0.67 倍，每 3.5 天围绕它的恒星运行一周。当它运行至恒星朝向地球的一面时，就发生了与金星凌日相似的现象。这种现象称为"凌星"。HD209548 号行星凌星时，恒星的光芒因被遮挡而减弱 1.7%。这么大程度的亮度变化不但可以被专业的天文仪器探测到，就连业余爱好者也可以观察得出来。通过观察 HD209548 号行星凌星，天文学家确定了它的轨道倾角，进而确定了它的质量。由观察凌星搜寻外星行星的方法叫作"凌星法"。

有了凌星法，业余爱好者也可以进行搜寻太阳系外行星的活动了，虽然目前还没有成功的先例。美国宇航局专为寻找外星行星而设计的太空探测器"开普勒"号的工作原理就是"凌星法"。金星凌日曾帮助天文学家认识我们的太阳系，而今它又在帮助人们寻找我们银河系中其他生命的家园。

3. 行星冲日

类似地内行星的凌日现象，地外行星会发生冲日现象。

火星、木星、土星在地球的外侧环绕太阳旋转，每隔几百天会有一次最接近地球的机会。当地球与火、木、土星运行到太阳的同一侧，并且差不多排列在一条直线上时才会发生冲日现象。届时太阳和行星相差 180 度，此时行星亮度远胜平时。

此外，冲日前后的两三天，只用小型天文望远镜，就可以看到火星上的"大运河"、木星表面上色彩斑斓的条纹，还可以见到围绕在木星周围的最大的 4 颗伽利略卫星。当然还有最漂亮的天像——土星的光环！

第8章 认识星星你就永远不会迷失方向

迷失方向？不会吧，我能分辨东南西北，我有手机，还下载了导航系统。那么古人呢？他们看太阳？晚上呢？晚上有星星呀！认识了星星，你就有了天文学知识，就能够辨识方向。

康德说："世界上有两件东西能够深深地震撼人们的心灵，一件是我们心中崇高的道德准则，另一件是我们头顶上灿烂的星空。"

认识星空，其乐无穷，我们从身边的标识物、参照物开始，由近及远、由地上到天上，一步一步来。

8.1 你分得清东南西北吗

随时能辨别方向是很有必要的。当然，我们这里说的是在野外。在那种高楼林立的城市街区，没法找到路时，我们只能是靠路标、靠警察，或者你就打开你的导航吧。

如果真的是做"驴友"去闯天下，那是要做专业准备的。那不属于我们讨论的范畴。我们的目的只是从告诉你如何辨识方向开始，引导你去认星星，去识别星空，去认识宇宙、大自然。

8.1.1 野外辨别方向的方法

一般在野外都是利用指南针和地图来分辨方向的。不过，如果没有指南针，地图湿了、坏了，或者不会看地图，可就麻烦了。那就一点办法也没有了吗？放心，大自然会帮你，你的天文、地理知识会帮你！根据太阳、月亮、星星或是树木生长的情况，就可以辨清方位。

1. 观察周围的事物分辨南北

我们先从观察身边的事物开始。

（1）由枝叶生长的情形分辨

　　树木若充分吸收阳光，枝叶自然生长茂密（图 8.1）。由此可知，树叶茂密的部分即为南边。靠近太阳的一边（我们在北半球是南边更靠近太阳），光合作用明显，树叶茂密的同时也需要更粗的树干。

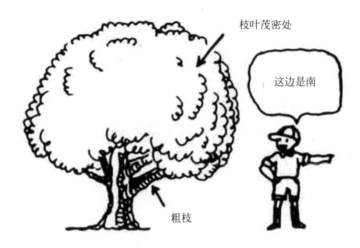

图 8.1　观察枝叶生长情况分辨方向

（2）由树叶生长的方向辨别

　　花草树木皆有向阳的特性，叶面所朝的方向即为南边（图 8.2）。

图 8.2　观察叶面朝向分辨方向

（3）由树木的年轮辨别

　　如果周围有截断的大树干时，可通过观察年轮分辨方向。相邻年轮距离较宽说明树木生长良好，是阳光充足的南方。如果没有截断的大树干时，可切取小树枝观察（图 8.3）。

图 8.3　观察年轮分辨方向

（4）由石头或树根的青苔辨别

利用青苔喜欢生长于潮湿地方的特性，找出背阳处，进而分辨出向阳的南方（图 8.4）。

图 8.4　观察青苔的平均密度分辨出方向

2. 观察远方事物分辨南北

利用附近的事物能观察南北方向，我们还可以通过远方的物体加以求证。

（1）以山上树木生长的茂密程度判断

向南的树木生长较向北的树木快。依此可分辨出南北（图 8.5）。

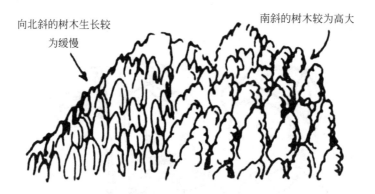

向北斜的树木生长较为缓慢

南斜的树木较为高大

图 8.5　观察山上树木生长情况分辨方向

（2）以民宅的坐向判断

山上的民宅（尤其是庙宇）多为坐北朝南的建筑，并且会在北方种植树木以防止寒冷的北风，民宅的南侧多为大窗子或走廊，以此原则也可判别南北，但未必准确（图8.6）。

图 8.6　观察民宅的坐向辨别方向

3. 观察物体影子的变化分辨东南西北

我们利用太阳和月亮，观察物体产生的影子。

（1）在平地上直立一长棒，在长棒影子的前端放置一小石头 A（图8.7）；

（2）10～60分钟后，当棒影移至另一方时，再放置另一小石头 B 于棒影的前端；

（3）在两个石头间画上一条线，此线的两端即为东西，与此线垂直的方向即为南北。

图 8.7 使用木棒、小石头，利用太阳阴影的移动测定方向

4. 以月亮的形状和移动分辨东西南北

如同我们可以用观察太阳移动的位置分辨方向一样，借由月亮的形状和它的移动我们也可以找出东南西北（图 8.8、图 8.9）。

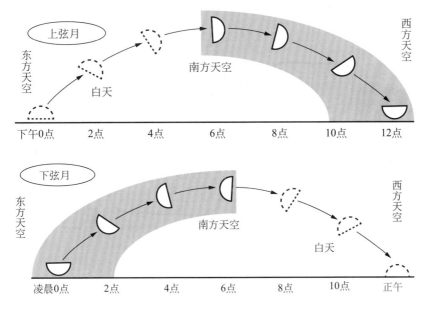

图 8.8 上弦月下半夜在南方出现，下弦月上半夜在东方出现

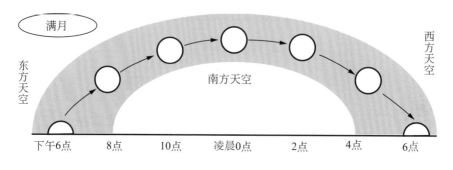

图 8.9　满月整夜都有

5. 找到北极星就可以找到北方

如果夜空中出现美丽的星斗，我们可由北方三个星座找到北极星。

（1）大熊星座的 A 处长度加上 5 倍同等距离的长度；

（2）仙后星座的 B 处长度加上 5 倍同等距离的长度；

（3）小熊星座的尾端即为北极星所在位置（图 8.10）。利用北斗七星"斗口"的两颗"指极星"和仙后星座的"W"形状去找到北极星，那里就是北。

图 8.10　寻找北极星

在熟悉了更多的星座之后，还可以利用其他的星座来找寻北极星以及确定方向。我们会在后面的内容中陆续为大家介绍。

8.1.2　地下和天上的关键点

想利用天上的星星定位，我们就必须先为星星们定位。也就是在天上人为地画出（规定）一些点、线、面，用它们来确定天体在星空中的位置。而这些点、线、面构成的体系就是我们观测天体所使用的天文坐标系。最常用的天文坐标系有地平坐标系、赤道坐标系和黄道坐标系，其他针对特殊的需要还有白道坐标系（专门用来观测月球）、银道坐标系（专门用来观测银河系）等。

无论是什么形式的坐标系，无论我们要做什么观测，都是要在地球上进行的，所以，我们先来了解和"规划"地球吧。

1. 地心地轴和地球上的经纬线

地心：地球的中心叫作地心，也就是球体地球的球心（图 8.11）。

地轴：理论上来说，任意穿过地心在地球表面对称的轴，都可以称为地轴。不加说明的话，一般来讲地轴指的是地球的自转轴。

地极：地轴在地球表面对称出现的两点叫地极。由于地球自转是由西向东的，所以，地极有南极和北极。地球上存在有三套地极系统：通常指的是运动的南北极（对应的是自转轴）、地理上的南北极和几何意义上的南北极（地球并不是标准的球体）。

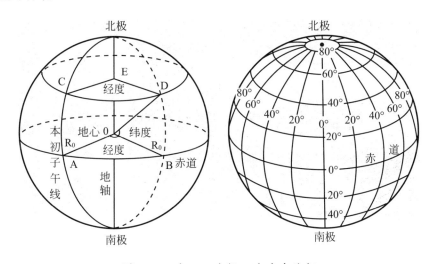

图 8.11　地心、地轴、地球南北极

经线（子午线）：通过地轴的平面同地球相割而成的圆（图8.12）。经线都是大圆的一半，都在两极相交，长短相同。

纬线：垂直于地轴的平面同地球相割而成的圆（图8.12）。纬线相互平行，长短不等。

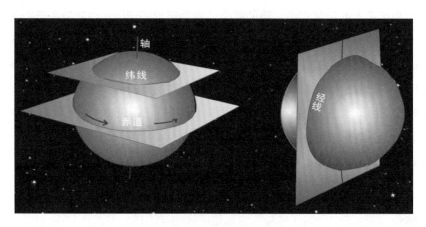

图 8.12　纬线和经线

经纬网和经纬度：由东西向走向的经线和南北向走向的纬线构成的"网"，叫经纬网。分别从零度经线和零度纬线开始度量的系统称为经纬度（系统），用来给出地球上某点的位置（坐标），见图8.13。本初（起点）子午线规定为通过英国格林尼治天文台的经线（1884年确定），也叫0°经线；经过赤道的大圆称为0°纬线（图8.14）。

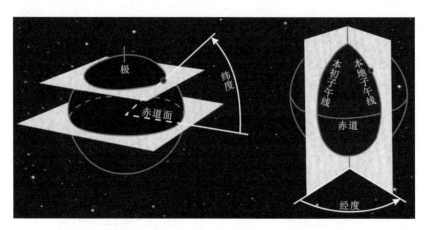

图 8.13　纬度是经过某地的纬线的那个小圆与赤道面的夹角（左图），经度是某地经线到本初子午线的角度（右图）

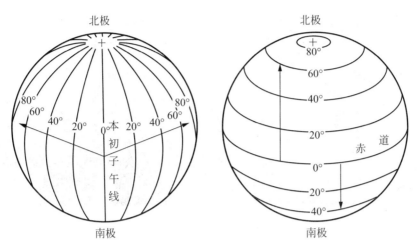

图 8.14　经度从本初子午线开始向东向西各180°记数（左图）；纬度从赤道开始向北向南各90°记数（右图）

2. 地理坐标

某地的经度和纬度相结合，叫作该地的地理坐标。地理定位就是将地理坐标与地球上的点一一对应。书写按惯例是先纬度，后经度；数字在先，符号在后。例：北京（39°54′N,116°23′E）、舟山（29°57′N,122°01′E）、杭州（30°16′N,120°09′E）。

地球上的方向通常是指地平方向。南北方向（经线方向）是有限方向；东西方向（纬线方向）是无限方向，理论上亦东亦西，实际上非东即西。

我国传统上把正午太阳所在方向定为正南，而把日出日落的方向视为东西；东西方向与地球自转相联系，可以这样判断：右手大拇指伸出，其余四指弯曲，大拇指指向天北极，其余四指弯曲的方向为自西向东的方向。在用时针的方向表述地球自转方向时，必须明确观测者是立足于哪个半球观测地球自转的。

3. 特殊的标志

本初子午线之所以在伦敦的格林尼治，是和"日不落"的大英帝国相关联的（图 8.15）。现在那里更多地体现为旅游标志地。

厄瓜多尔位于南美洲西北部，赤道横贯国境北部，厄瓜多尔就是西班牙语"赤道"的意思。厄瓜多尔一家名为"世界中心"的主题公园自称位于赤道之上。地球的标志线中，唯一经过我国的就是北回归线。广东是世界上建有北回归线标志

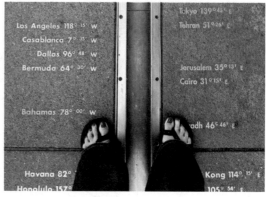

图 8.15 "日不落"的大英帝国和本初子午线标志

最多的地方，中国大陆最早的北回归线标志在封开县，中国大陆最东的北回归线标志在汕头，世界最高的北回归线标志在从化。

8.2 认识星空的各种办法

很多人觉得，欣赏星空、掌握一定的天文知识是一件很难的事。不要存在这种想法，业余天文学永远应该是平静的、充满乐趣的。事实上，只要您有意愿，只要您有一个正确、良好的开端，欣赏星空就一定会成为您一生的爱好。当你沐浴在星光中时，你的身心都会得到充分而愉悦的放松。让我们先尝试着去做一名"天文爱好者"吧!

8.2.1 先成为天文爱好者

怎样成为天文爱好者? 天文学是一门富含知识的学科，学习天文的乐趣来自于思考之后的发现和获得有关神秘夜空的知识。如果你周边有天文爱好者协会，就去加入; 如果你是学生，那更能找到和你志趣相投的人，加入他们，或者你牵头成立一个协会; 你还可以在网上学习，也可以去买几本天文学的入门书籍或者《天文爱好者》杂志。可以自学，当然最好是有人指点。

1. 先去欣赏

买一本有关星座故事及介绍星空随时间变化知识的书，那里面肯定有星图或者类似认星空用的活动星图。然后按照书上的指引和星图的使用说明，在晴朗的夜晚对照星空辨认星座。你会惊喜地发现，只要几个晚上，那些向你眨眼的星星，

再也不是杂乱无章的了。你会轻松地指出："那是狮子座，那是北极星。"

2. 不急于买望远镜

许多人认为只有用望远镜才能领略星空的美丽，才能成为天文爱好者。这是错误的想法。实际上如果你不熟悉星空，不认识任何星座及亮星，即使你拥有一架望远镜，你也不知道要指向哪里！还是先买一些供学习用的书籍和星图，然后不断地观察星空，最后达到熟悉夜幕上肉眼可见的每一个天体的情况，充分体味观星的快乐。

3. 先买双筒望远镜

对于刚刚跨入天文爱好之门的人来说，双筒望远镜是应该拥有的最理想的"第一架望远镜"。这是因为：首先，双筒望远镜有较大的视场，很容易寻找到目标；另外双筒望远镜所成的像是正像，很容易辨认出视场中出现的景象是夜空中的什么位置。一般的天文望远镜所成的像往往是倒像，有的上下颠倒，有的上下左右全颠倒。还有，双筒望远镜相当便宜，除观星外还可有许多其他用途，如看演出及体育比赛，观远处风景或天空中的飞鸟等，并且轻便、易携带。最重要的，双筒望远镜表现十分出色，一般 7 ~ 10 倍的双筒望远镜提高肉眼观测能力的程度，相当于普通爱好者用天文望远镜提高双筒望远镜观测能力的程度，即双筒望远镜的观测能力相当于普通爱好者用天文望远镜能力的一半，而其价格只有普通天文望远镜的 1/4。

4. 结交有共同爱好的朋友

自己观测星空会充满乐趣，与有共同爱好的朋友，一同搜索星空，交流感想及经验，则更是乐趣无穷！

5. 欣赏星空要求你要有毅力与耐心，需要开朗与乐观

当你正欣赏星空时，一片乌云飘来，此时你毫无办法；对于极深远暗弱的天体，你无法让它们近一些、亮一些以便于你清楚地去观看；对于长时间期待，做各种观测准备的天文事件，真正发生时，持续的时间极其短暂，如日全食，更糟糕的是在这极短的时间里，一片云遮挡了你的视线。所有这些都需要你具有相当的耐心，宇宙不会以任何人的意志而改变。作为我们人类，只能凭毅力与耐心，去欣赏它的和谐与美丽。

8.2.2　做好准备

星空观测毕竟是要在夜间进行，所以提前做好准备是十分必要的。主要针对目视观测爱好者，如果你能进展到利用望远镜观测，那基本上在这里列出的情况之外，再注意望远镜即可。

（1）观星前要注意天气，这个重要性不言而喻。天晴是基本的要求，当然有几朵零星的云倒也没多大关系。还有一句和星空不太相关的，就是注意天气变化（预报），防寒保暖、防风。

（2）有关空气质量，建议观星前查查实时的空气质量指数。如果有"雾霾"之类的情况存在，虽然天空中没有云，但实际观感会很不好，天空像是蒙了一层灰，星光黯淡。

（3）还有一个是月光的影响。我们在《天文知识基础》一书里，提议大家利用"月明星稀"的环境去看星星。怎么现在的观点会"相反了"？这取决于两点，第一，你的目标是认识几颗亮星就可以了，那你可以选择"月明星稀"的环境；第二，现在的天空环境，即便是没有月亮、"雾霾"的影响，环境造成的背景光已经很强了，再把"月明星稀"叠加上去，那就只能看见月亮了。所以观测前看看农历，避开十五以及前后几天，这几个日子月亮几乎整晚上都挂在天空。当然了，如果目的是观测月亮那又另当别论。

（4）对于初学者，眼睛就是最好的观测仪器。这样说吧，初学者的重点是认星，而不是观测。你先适应了星空，再带上你的仪器吧。

（5）选一个空旷、无遮挡、无灯光的环境就可以了，目前这样的场合越来越少，学校的操场应该是个不错的选择。如果是去远离城市的郊外，建议你一定要事先"踩点"。

（6）记得准备好星图。不只是初学者，即便是有一定观星经验的天文爱好者，有时候也要拿出星图确认自己的结论是否正确。过去有专门针对入门天文爱好者设计的活动星图，现在只需要在手机下载星图软件即可。三大平台（WP、安卓、iOS）都有不错的星图软件，去软件商店里面搜索"星图"，没记错的话有一个星图软件三大平台通杀，名字就叫"星图"。桌面端推荐使用 Stellarium。

手机有陀螺仪的，拿起手机，打开星图软件，设置好当前的经纬度以及日期时间，然后，就可以辨认星星啦！

没有陀螺仪会麻烦一点，需要自行确定方位，其实就是找北，这个可以通过自身地点结合当地的地图确定。找到北以后，拿起手机，打开星图软件，设置好当前的经纬度坐标以及日期时间，将星图中的方位与实际方位对应即可。

没手机星图你一定是有活动星图了！或者您旁边有一个"活"的星图，就是找一位"高手"指引你。

做好这些准备工作了，还有几句话要说。就是我们看什么，或者说认星星，从哪里找起。如果你没有特殊的观测使命，那就从那些易于辨别有观赏价值的星座或天象开始。请参考本书第 9 章的内容。

8.2.3　星座　星等　星空

认识天上的星座，如果告诉你这都是天文爱好者做的事情，真正的天文学家并不认识几个星座，那你会相当错愕！那他们怎么进行观测呀？有星图、星表呀！比如观测一般的天体，我们只需知道它的具体坐标（一般是赤经赤纬、黄道天体用黄经黄纬），然后操纵望远镜的动力系统，让望远镜"指向"那个天体就可以了。所以说，我们这里要谈的星座、星等、星图等，更多的是用来为天文爱好者认识星空而准备的。

1. 星座

星座就是对星空的划分，就像地图一样。规定了一定的区域，你就能很方便地找到你想去的地方。而在天上，自然就是为了方便我们找到想看的星星。目前世界上的两大星空体系：我国的三垣四象二十八星宿和西方国家的 88 星座。

就我国看到的星空来说，可以大致先把整个可见恒星天空分成两个大星区：北极星附近的星区和天球赤道与黄道经过的星区。中国古代的三垣主要在北极星附近的星区，也就是"恒显圈"里面：紫微垣、太微垣和天市垣。二十八星宿分成"四象"围绕着三垣，实际是围绕北极星一周分布在黄道带上。

2. 星等

面对满天繁星，对初学认星的人来说，最大的感受是星星明暗差异甚大。天文学家把恒星的亮暗分成许多等级，这种等级就叫星等。星等是表示天体相对亮度的数值。星越亮，星等数值越小；星越暗，星等数值越大。我们知道，看起来光的明暗，一方面与光源的发光强度有关，另一方面和光源与观测者的距离有关。因此，我们凭视觉表示的星等叫视星等，它反应的是天体的视亮度。

早在公元前 2 世纪，古希腊的天文学家喜帕恰斯，给出了一份标有 1000 多颗恒星精确位置和亮度的恒星星图。为了清楚地反映出恒星的亮度，喜帕恰斯将恒星亮暗分成等级。他把看起来最亮的 20 颗恒星作为一等星，把眼睛看到最暗弱的恒星作为六等星。在这中间又分二等星、三等星、四等星和五等星。

喜帕恰斯在 2100 多年前奠定的"星等"体系，一直沿用到今天。到了 19 世纪中叶，由于光度计在天体光度测量中的应用，发现从一等星到六等星之间差五个星等，亮度相差约 100 倍。也就是说，一等星比六等星约亮 100 倍。一等星比二等星约亮 2.512 倍，二等星比三等星亮 2.512 倍，以此类推。把比一等星还亮的定为零等星，比零等星还亮的定为 –1 星，以此类推。同时，星等也用小数表示。比如，太阳的亮度为 –26.7 等星，满月为 –12.7 等星，金星最亮时为 –4.2 等星，全天最亮的恒星天狼星为 –1.46 等星，老人星为 –0.72 等星，织女星为 0.03 等星，牛郎星为 0.77 等星。

在晴朗而又没有月亮的夜晚，出现在我们面前的恒星天空中，眼睛能直接看到的恒星约 3000 颗，整个天球能被眼睛直接看到的恒星约 6000 颗。当然，通过天文望远镜就会看到更多的恒星。中国目前最大的光学望远镜，通光孔径 4 米，装上特殊接收器，它可以观测到 25 等星。美国 1990 年 4 月 24 日发射的绕地运行的哈勃空间望远镜，可以观测到 28 等星。

星等又分为目视星等、绝对星等、照相星等、光电星等。

3. 恒星的名称

天文学家对灿烂的恒星天空"管理"有序，在恒星户口的规范档案中，第一项就是恒星的名字。

"人"是总体概念，"恒星"也是总体概念。具体的人要有名字，具体的恒星也要有名字。天上的恒星都有名称吗？毋庸置疑，每颗恒星也有名字。这样，我们就可以更具体、方便地观测分析和研究它们。当然，所谓名称，正如你我的名字一样，仅起代号的作用罢了。

中国古代早就给明亮的恒星起了专门的名字。这些恒星名字可以归纳为几种类型：根据恒星所在的天区命名，如天关星、北河二、南河三、天津四、五车二和南门二等；根据神话故事命名，如牛郎星、织女星、北落师门、天狼星和老人星等；根据中国二十八星宿命名，如角宿一、心宿二、娄宿三、参宿四和毕宿五等；根据恒星的颜色命名，如大火星（即心宿二）；还有根据古代的帝王将相官名来命名等。

上述恒星都是比较引人注目的亮星，它们是恒星中的"大人物"，然而它们在恒星中仅是极少数。除此之外，暗弱的恒星是多数，这些是"小人物"。这些"小人物"基本上都是按照二十八星宿的分区而命名的。比如，构成南斗的六颗星就叫：斗宿一、斗宿二、斗宿三、斗宿四、斗宿五、斗宿六。

西方国家对星星的命名，更多的是重视那些亮星。1603 年，德国业余天文学家拜尔给出了这样的建议：每个星座中的恒星从亮到暗顺序排列，以该星座名称加一个希腊字母顺序表示。如猎户座 α（参宿四）、猎户座 β（参宿七）、猎户座 γ（参宿五）、猎户座 δ（参宿三）……如果某一星座的恒星数超过了 24 个希腊字母数，就用星座名称后加阿拉伯数字。如天鹅座 61 星，天兔座 17 星等。

4. 天空的亮度

什么叫"天空的亮度"？观测星空，不是应该越黑越好吗？是的呀，很久以前这不是问题，随着人类生活的"城市化"，要想见到真正黑暗、适合天文观测的天空，是越来越难了。为了观测的需要，天文学家建立了一套"黑暗天空分级系统"。

你的夜空有多黑？对这一问题的精确回答有助于对观测场地进行评估、比较。更重要的是，它有助于确定在这个观测地你的眼睛、望远镜或者照相机是否能达到它的理论极限。而且，当你记录一些天体的边缘细节时，例如，一条极长的彗尾、一片暗弱的极光或者星系中难以察觉的细节，你需要精确的标准来对天空状况进行评定。

这是一套含有 9 个等级的"黑暗天空分级系统"。三角座中的三角星系（M33）被用作黑暗天空的"指示器"。一个已完全适应黑暗天空的观测者可以在 4 级以上的天空中用肉眼看到它。系统简述：

第 1 级：完全黑暗的天空。肉眼的极限星等可达到 7.5 等。

第 2 级：典型的真正黑暗观测地。经过适应和努力，肉眼的极限星等可达到 7.0 等。

第 3 级：乡村的星空。肉眼的极限星等可达到 6.6～7.0 等。

第 4 级：乡村 / 郊区的过渡。肉眼的极限星等可达到 6.5 等。

第 5 级：郊区的天空。肉眼的极限星等为 5.6～6.0 等。

第 6 级：明亮郊区的天空。肉眼极限星等为 5.5 等。

第 7 级：郊区 / 城市过渡。在真正努力的尝试之后，肉眼极限星等为 5.0 等。

第 8 级：城市天空。在最佳情况下，肉眼极限星等为 4.5 等。

第 9 级：市中心的天空。基本上就只能看见月亮。

8.3 认识"七曜"和各种"怪异"现象

太阳、月亮和金木水火土五大行星并称"七曜"，也就是说，它们在天空中非常"显耀"。明了它们的（视）运动规律，对于我们熟悉星空也是相当重要的。这一方面因为它们本身就是我们喜爱观测的天体；另一方面，它们不仅"耀眼"，而且还不断地"游荡"，很容易干扰我们（尤其是初学者）辨认星座和星空。

8.3.1 太阳和月亮出没

我们生活在北半球，太阳一定都在我们的南面吗？夏天热、白天长，是因为夏天太阳离我们更近吗？太阳和月亮的出没，那是很复杂的。这节介绍它们的运动规律。

1. 太阳的视运动

学生们上"科学课"，或者阅读科普书籍，关于太阳出没的描述大都是这样的："太阳直射点的移动范围为地球南北回归线之间"（图 8.16）。这句话没错，但是要注意，这里定义的是太阳的"直射点"，也就是正午时太阳的最高位置。不要理解为：我们生活在北半球，太阳就永远都不会出现在我们的北边。实际上，结合地球的自转和公转，太阳的出没是走了图 8.17 中所示的路线。

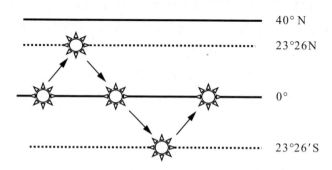

图 8.16　太阳的"直射点"周年变化图

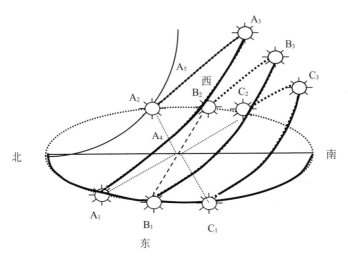

图 8.17　太阳视运动周年变化图

太阳的视运动，对于北半球来说是在图 8.17 中的 A 路线（夏至日）和 C 路线（冬至日）之间变化的。由夏至到秋分期间，太阳是在 A 路线和 B 路线之间运行，从最高点来说，夏至日在 A_3，然后逐渐降低，秋分那天在 B_3，继续下降直至冬至日的 C_3。太阳每天的轨迹，以夏至日为例，她会走 A 路线。此时，太阳从图中 A_1 处（东偏北方向）升起，从 A_2 处（西偏北方向）落下。一天之中，从 A_1 处开始，太阳视运动方位渐趋偏南，直到 A_4 时，太阳位于观测地正东方，A_3 时位于正南方，A_5 时位于正西方。

南半球的规律与上述情况相反即可。

2. 月亮出没规律

月球不发光，月光只是月亮为我们"偷来的"太阳光。由于太阳、月亮、地球三者之间相对位置的变化，月亮也会从新月→蛾眉月→上弦月→（上）凸月→满月→（下）凸月→下弦月→蛾眉月→新月，周期性变化。同时，出没时间也会相应地变化。

农历每月三十或初一，看不见月亮，称为新月或朔；

其后几日，当太阳落山后的一段时间能在西方天空看到蛾眉月；

农历每月初七、初八，黄昏时，上弦月在正南天空，子夜从西方落入地平线之下，上半晚可见；

农历十五、十六，满月（望）在傍晚太阳落山时的东方地平线上升起，子夜

时位于正南天空，清晨时从西方地平线落下，整夜都可以看到月亮；

农历下半月开始，下弦月在子夜时升起在东方地平线上，黎明日出时高悬于南方天空，正午时从西方地平线落下，下半晚可见；

然后，蛾眉月、新月，每月轮回。

8.3.2　目视五大行星

目视，就是要找到它们，当然要清楚它们在天上是怎么运动的。这种运动叫行星的视运动。由于行星绕太阳运行，地球也绕太阳运行，从地球上看去，行星的视运动可以有两种描述方法，一种是相对于太阳的视运动（图 8.18），另一种是相对于恒星的视运动。

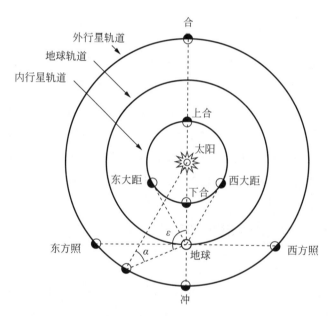

图 8.18　大行星相对太阳的视运动

行星四处"游荡"。太阳系的八大行星，可以分为地内行星、地外行星。

地内行星相对于太阳的视运动，有四个特殊位置：下合、上合、东大距、西大距。

当行星、地球及太阳在黄道面上的投影成一直线时叫"合"。太阳在中间时称为"上合"；内行星在中间时称为"下合"。

内行星、地球和太阳三者所成的视角距最大时叫"大距"。内行星在太阳东边叫"东大距"，日落后行星会出现在西面地平线，此时是观测内行星的最好时机。"西大距"即表示行星在太阳的西边，日出前行星会从东面地平线升上，因为需要在日出前观测，所以观测条件不及"东大距"。

外行星相对于太阳的视运动，也有四个特殊位置：合、冲、东方照、西方照。

当行星、地球及太阳在黄道面上的投影成一直线时叫"合"或"冲"。太阳在中间时称为"合"；地球在中间时称为"冲"。

外行星、地球和太阳三者所成的视角距为 90 度时，称为"方照"。外行星在太阳东边叫"东方照"，在西边叫"西方照"。

行星相对于恒星的视运动路径看上去比较复杂。行星大部分时间在天球上是由西向东移动的，叫作顺行；小部分时间由东向西移动，叫作逆行。由顺行转到逆行或由逆行转到顺行，行星在天球上的位置叫作"留"（图 8.19）。

寻找大行星尽量选择它们在特殊位置的时候。并且，行星总是在黄道附近运行。图 8.19 给出某年的火星视运动变化情况。从 2 月 16 日到 4 月 16 日火星顺行；4 月 17 日火星留；4 月 18 日到 6 月 29 日火星逆行；6 月 30 日火星再留；然后火星顺行，8 月 24 日最接近天上的另一把大火"心宿二（天蝎座 α）"。

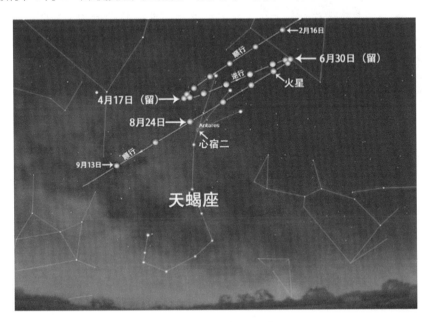

图 8.19　火星视运动

行星一般比恒星亮。金星全天最亮，亮度在 –3.3 ~ –4.4 等，发白光。木星

亮度仅次于金星，在 –1.4 ~ –2.5 等。土星亮度在 1.2 ~ –0.4 等，颜色稍黄。火星亮度在 1.5 ~ –2.9 等，火红色，很容易辨认出来。水星亮度在 2.5 ~ –1.2 等，当它作为昏星或者晨星出现的时候，地平附近没有别的亮星，也容易辨认；另外，行星闪烁小，亮度比较稳定，而恒星总是不停地闪烁。

8.3.3　五星连珠和行星列阵

大行星是"游荡"的，所以它们很可能会发生聚在一起、连成一线，或者构成其他什么图形的状况。这些都属于自然现象，至于什么"连珠""大十字"会祸及人类的说法，都别相信，你懂些天文知识就明白了。

2012 年 7 月 16 日晚出现在天空的金星、木星伴月天象（图 8.20），看上去是不是老天爷在对着我们微笑。他老人家那么大年龄啦，也会时不时地给我们带来一些"喜感"。类似的现象，只要您留意，是会经常看到的。

图 8.20　双星伴月

在天文学史上，将三个和三个以上的行星的经度尽可能彼此相近的天象叫作行星会聚。我国古代，特将肉眼看得见、也是仅知的行星，即水星、金星、火星、木星和土星，五星的经度彼此接近的难得一现的天象称为五星连珠，并认为是吉祥之兆，将之与人间大事联系。在史书中记载的最早的一次五星连珠天象出现于公元前 206 年。最近的两次发生在 1186 年 9 月 9 日（南宋淳熙十三年）和 1524 年 2 月 5 日（明代嘉靖三年）。据查，没有任何重大的天灾人祸与历史上的五星连珠对应。1962 年 2 月 5 日，正值春节元月初一，当日适逢日全食，又值金、火、木、土四星会聚。新春日食和四星会聚较为不太多见的天象同时出现，就成为罕见事件。然而，我国和世界各地都没有发生星占术士预言的大灾难。

在同一时间，几个行星同时并排地出现在黄道带附近的天象，可称之为列阵。三个或四个行星的列阵，并不非常难现，但七个大行星同时呈现在地平之上小于

180 度，排列成近似的一字长蛇阵，确是较为罕见的天象。2016 年 1 月 27 日黎明前：大半个月亮挂在西南天空，在它东边不远处，是明亮的木星；向东，红色的火星居于正南方天空；顺着月亮—木星—火星的连线，继续向东，还有两颗亮星，离火星近的是土星，远的是金星。顺着土星—金星的连线向东方地平线附近看去，还会发现一颗稍暗的星，它就是的水星（图 8.21）。

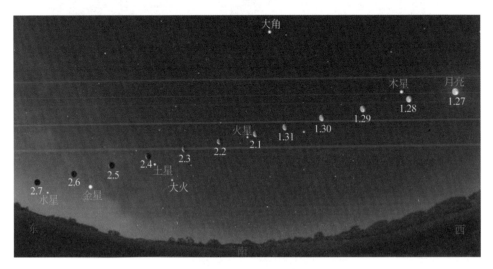

图 8.21　五星连珠

上面说的会聚和列阵都是大行星的空间分布在天穹上的投影。行星的会聚和列阵对地球有何影响、有多大的影响？这个疑虑的答案是：（1）有影响；（2）其影响力太小，可忽略不计。因为，即便八个大行星都会聚在太阳一侧，且假定真能排成一列，其中七个对地球起潮力的总和可使海平面上升 0.04 毫米。"可忽略不计"的回答，足以令人信服。

天文小贴士：黑洞收走的能量去哪里了？白洞、虫洞

黑洞，想必大家都听过，引力强大到连光都无法逃脱它的魔掌。

人类探索黑洞已经有几十年的历史了，很长一段时间，人们对黑洞了解得并不多，而且也没有直接观测到过黑洞的存在，更多的只是理论上的分析。

通过不懈努力，2019 年人类终于拍摄到了首张黑洞照片（图 8.22），揭开了黑洞的神秘面纱。

图 8.22　人类第一张黑洞的照片

黑洞一度被认为是宇宙中最恐怖最诡异的天体。不过随着科学家对太空探索的不断深入，一种更诡异的天体呼之欲出，它就是白洞。

白洞与黑洞的性质相反，黑洞吞噬一切靠近的物体，是"只吃不吐"，而白洞"只吐不吃"，可以"吐"出来极其狂暴的能量。

诡异的白洞很可能为人类打开一个全新的世界。虽然黑洞与白洞的性质相反，但两者常常组合在一起出现，而且黑洞和白洞通过虫洞连接（图 8.23）。

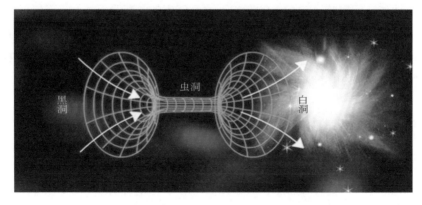

图 8.23　哈勃太空望远镜拍摄过的"物质桥"

也就是说，一方面黑洞不断吞噬附近的物体，然后经过虫洞，之后通过白洞释放出来。

如果这种结构真的存在，人类能否找到如此诡异的结构？如果找到的话，势必给人类太空探索带来重大变革。

虫洞，通俗来讲就是连接不同时空的捷径，也被称为"爱因斯坦 - 罗森桥"，它的美妙之处就在于，我们可以通过虫洞做星际旅行（图 8.24），而且几乎不用花什么时间，可以瞬间跨越浩瀚星际距离。

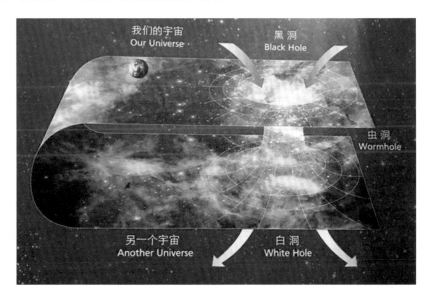

图 8.24　虫洞能帮我们星际旅行

比如说我们的银河系直径达到 10 万光年，即便是以光速飞行，也需要 10 万年的时间才能穿越整个银河系。但如果有了虫洞，理论上就可以实现瞬间跨越，穿越银河系。

最大的困难在于虫洞结构非常不稳定，就像肥皂泡一样，很容易发生坍缩。而想要虫洞结构保持稳定，需要一种叫作"负能量"的物质相助。

何为负能量？或许你听说过真空零点能，通俗来讲就是"零能量"，而负能量是比零能量还低的能量。

目前科学家在实验室中能制造出极其微小的虫洞，但存在的时间非常短，几乎瞬间就消失了，没有任何实用价值。但起码可以证明虫洞在理论上的可行性。

而如果虫洞连接着黑洞和白洞，我们也可以通过在太空中寻找黑洞，然后找到虫洞和更诡异的白洞。

第 9 章　"星霸"等级 1 到 10

认识星星，熟悉星空，是一件让人兴奋，同时又能增长见识（知识）的事情。但是，太想多多地去认识天空中那些美妙的星星，可是漫天的星星，怎么去认？怎样才能"循序渐进"，不断进步呢？

这里，我们借鉴那些钢琴、架子鼓等的"考级体制"，为您量身定做了"星霸"1 到 10 级，鼓励你不断地进步，去认识更多的星星。

9.1　"天宫"星座和黄道星座

西方的星空是分成了 88 个星座，那些星座故事很有趣，一直在被人们历代"传唱"。中国的星空分为"三垣四象二十八星宿"，我们的星空体系更加完备，按照体系去认识星空就像是在认识历史；看星星就像是在看那些历史人物的"传记"，自己就像是身处于一个个历史事件之中。

我们会先把最重要的"黄道十二星座"和我们国家的天宫——紫微垣的星星引荐给大家，然后再按照春夏秋冬四季出现的星星，从中国的"星官""星宿"体系和西方的 88 星座体系，两者并列地为您介绍。

9.1.1　赤道　黄道　白道　银道

在介绍星空之前，我们先来介绍一下那些天空中的"大圆"和那些"基本圈"。它们和天体运行的轨道密切相关。

1.（天）赤道

天赤道，简称赤道。是天球上一个假想的大圈，位于地球赤道的正上方，是地球赤道向天球的无限延伸；也可以说是垂直于地球地轴把天球平分成南北两半的大圆，理论上有无限长的半径。

天赤道所对应的天极，就是天上的南北极，也就是说天赤道的北极就是指向北极星。

2. 黄道

黄道是地球绕太阳公转的轨道平面与天球相交的大圆，是地球上的人看太阳于一年内在恒星之间所走的视路径。简单地说，地球一年绕太阳转一周，我们从地球上看成太阳一年在天空中移动 365 或 366 圈，太阳这样移动的路线叫作黄道。太阳在天球上的"视运动"分为两种情形，即"周日视运动"和"周年视运动"。"周日视运动"即太阳每天的东升西落现象，这实质上是由于地球自转引起的一种视觉效果；"周年视运动"指的是地球公转所引起的太阳在星座之间的"穿行"现象。黄道和赤道之间的夹角有 23 度 26 分，由此产生了地球上的四季。

3. 白道

白道是月亮运行的轨道。是指月球绕地球公转的轨道平面与天球相交的大圆。白道和黄道之间的夹角只有 5 度 09 分，所以我们能看见圆圆的月亮。

4. 银道

银道，就是太阳绕银河系中心转动所运行的轨道。通过银道而建立的银道坐标系，主要用来研究银河系以及宇宙总体的运动情况。

9.1.2　北斗七星　北极星

我们的认星从北极（星）附近开始，理由是这里大部分的星星都处于北半球居民的"恒显圈"里。夜里出现的机会最多，最容易被大家辨认。由于位于天空的"中央"受周日视运动的影响很小，所以，在我国的星空体系里，这里是"紫微垣"（图 9.1），主要包括紫微左右垣、北极 5 星、勾陈 6 星和北斗 7 星以及文昌、三台星等。在西方 88 星座体系中，主要包括的星座有：大熊星座、小熊星座、天龙座、仙后座以及仙王座、鹿豹座和天猫座等（图 9.2）。

1. 北斗七星和北极星

我们的"星霸"等级之旅从这里开始。"星霸 1 级"需要你最少认识 10 颗星，这里包括北斗七星加北极星一共 8 颗，再加上你的"本命星座"的主星（一般是最亮的那颗），比如，您是双子座的，最亮的就是哥哥的"头"——双子座 β。再加上"四大天王"的一颗星。

走过星空遇到黑洞

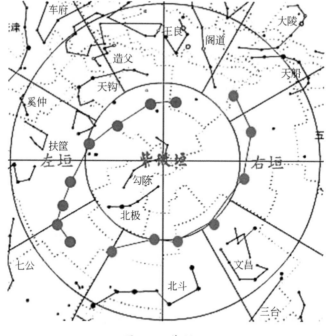

图 9.1 紫微垣

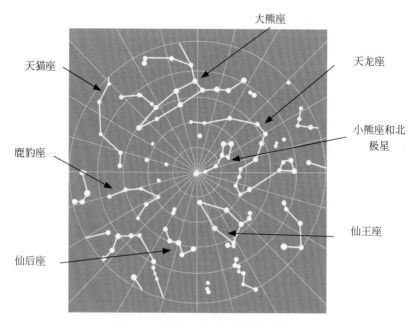

图 9.2 围绕北极星周围的星座

126

从北斗七星开始（图 9.3）。

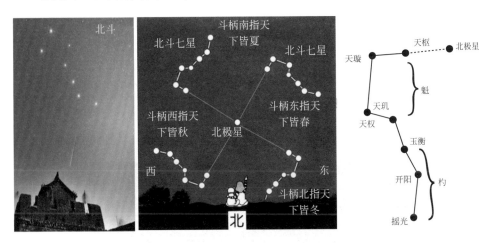

图 9.3　北斗七星

北斗七星在大熊星座，斗是大熊的屁股，柄是大熊的尾巴（图 9.4），斗身上端的两颗星也是大熊星座的 α 和 β 星，也就是说是大熊星座中最亮和次亮的，把它们连线，然后沿着这个方向延长 5 倍，你就看到北极星了，它也是小熊星座 α 星。而大熊星座的 α 和 β 星就被称为"指极星"。

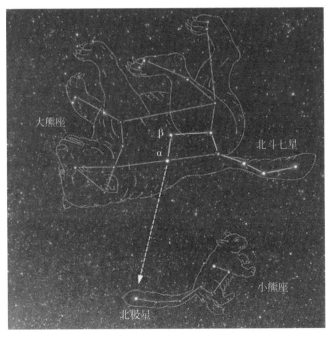

图 9.4　大熊座和小熊座，指极星和北极星

北极星的中国星名叫勾陈一或北辰，距离我们约 400 光年。它是目前一段时期内距北天极最近的亮星，距极点不足 1°，因此，对于地球上的观测者来说，它好像不参与周日运动，总是位于北天极处，因而被称为北极星。

利用"指极星"寻找北极星是比较容易的，但是在我国较低纬度的地区，比如长江以南的区域，到了秋冬季，就几乎看不到北斗七星了。这时，可以利用仙后座 5 星的"W"星组（图 9.5）。仙后座中最亮的 β、α、γ、δ 和 ε 五颗星构成了一个英文字母"W"或"M"的形状，这是仙后座最显著的标志。

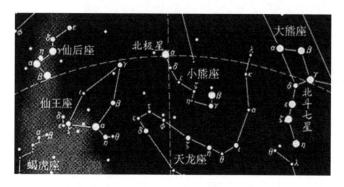

图 9.5　仙后座"W"和北斗七星对称分布在北极星两边

2. 紫微垣的两道"垣墙"

仙后座的几颗星还构成了紫微垣"垣墙"的一部分。左垣八星包括左枢、上宰、少宰、上弼、少弼、上卫、少卫、少丞；右垣七星包括右枢、少尉、上辅、少辅、上卫、少卫、上丞（图 9.6）。15 颗星对应 88 个星座中的天龙、仙王、仙后、大熊和鹿豹座等。其中，两垣墙最亮的是左枢和右枢，7 级以上"星霸"需要辨认，级别低的只需要认清"垣墙"走向就好了。垣墙上开有两个门，正面开口处是南门，正对着北斗星的斗柄。垣墙的背面是北门，正对着奎宿的方向。组成垣墙的每颗星都是由周代所用的官名命名。

3. "北极 5 星"和"勾陈 6 星"

紫微垣之内（图 9.6）是天帝居住的地方，是皇帝内院，除了皇帝之外，皇后、太子、宫女都在此居住。

在紫微垣的垣墙内有两列主要星官，其中一列是"北极 5 星"，天枢星是第一颗，属于鹿豹座，它是 3000 年前的北极星。在它边上有四颗呈斗形的星把它围起来，那是"四辅"。而南面有一串小星，第一颗就是后宫，再往南是庶子（1000

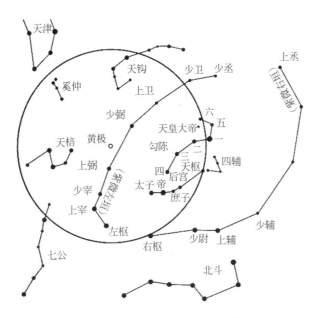

图 9.6 紫微垣的两道垣墙

年前的北极星）、帝星和太子。另一列是勾陈六星：勾陈一（北极星）、勾陈二、三、四、五、六，被呈钩状的四颗星（六、五、一、二）所包围的一颗小星，称为天皇大帝。勾陈一是近代所使用的极星，也是这两列星中最显著、比较明亮的星。

4. 大、小熊星座

大、小熊星座可以说无论中外，都很有名。我国星空体系中的"魁"宿、文昌（曲）星，以及"三台星"都在大熊星座（图 9.7）。魁就是为首、居第一位的意思：魁首。在我国古代科举制度中，考中状元就称为——夺魁！魁星又称为北斗星中第一星（应该是作为魁宿的星官），一般是指四颗斗星。

文昌星，是文运的象征，原本是星宫名称，不是一颗星，共六星组成形如半月，位于北斗魁星前（图 9.1），因其与北斗魁星同为主宰科甲文运的大吉星，所以同文曲星混为一体而分不清。实际上，原来文曲星是指北斗魁星中的一颗星，而文昌星则是六颗星的总称，都在大熊星座。现在多是将文昌一（在大熊脖子上，见图 9.7）单星或者文昌一到三（组成熊头的三颗星）指做是"文昌星"。也因为文昌星与北斗魁星很是异曲同工而统称为文昌斗魁。同时，二十八星宿中的西方奎星，也因主宰科甲文运而称文昌奎星。

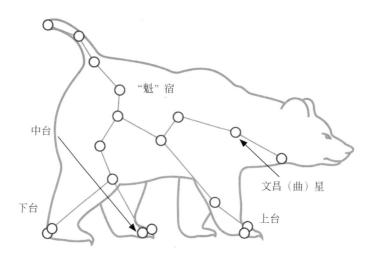

图 9.7 "魁"宿、文昌（曲）星和三台星都在大熊星座

三台亦称三能。共 6 星，分上台、中台、下台（图 9.7）。西边靠近文昌的两颗星，叫上台，是司命，掌管寿命；接下来的两颗星叫中台，是司中，掌管宗族家室；东边的两颗星叫下台，是司禄，掌管军队。又认为三台是天阶，太一大帝踩着它用来上下出入大臣们办公的太微垣。还有一种观点认为是泰阶，象征地位。上阶的上星是天子，下星是女王；中阶的上星是诸侯三公，下星是卿大夫；下阶的上星是士，下星是庶人。在西方国家的 88 星座中，大小熊星座则是一对母子，对应着一个美丽的神话故事。

5. 天龙座　仙后座

天龙座（图 9.8 左）看起来的确像一条蛟龙弯弯曲曲地盘旋在大熊座、小熊座与武仙座之间，天龙座是全天第 8 大星座，所跨越的天空范围很广。

关于天龙座我们关心三件事，第一件就是两颗星：天龙座 α 和 γ，前者是4000 年前的北极星，后者是天龙座里最亮的一颗星，也恰好标识出蛇头来；第二件就是天龙座流星雨，是全年十大著名流星雨之一，一般出现在每年 10 月初，最佳的观测日期在 10 月 8 日至 10 日；第三件就是编号 NGC6543 的猫眼星云（图 9.8 右），它有一颗中心亮星，却不易观察到。由于亮星周围包裹着一圈很明亮的蓝绿色气体壳，样子看上去酷似猫眼，所以这个星云叫作猫眼星云。

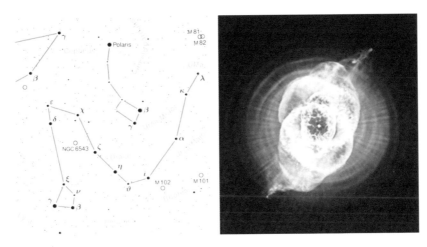

图 9.8 长长的天龙和 NGC6543 "猫眼星云"

仙后座可以帮助我们找到北极星，它本身也是一个亮星很多的星座。用肉眼仔细观察，你能数出超过 100 颗，其中最著名的就是那个 "W"（图 9.9 ）。

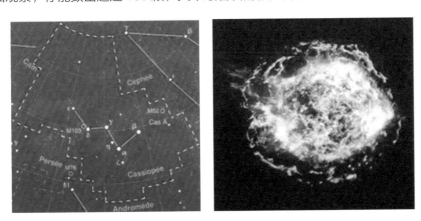

图 9.9 仙后座和 1572 年第谷超新星爆发的残骸

1572 年第谷发现超新星就在仙后座，从那一年的 11 月开始，这颗超新星的亮度一度超过了金星，一直持续了 17 个月，才变得肉眼不可见。但是，历经 380 多年之后，利用超级望远镜，我们又拍到了这个超新星爆炸的残骸。令人激动的是，它是那么美丽漂亮。

6. 星数小结

北极附近的星空还有仙王座、鹿豹座、天猫座等，由于没有很亮的星，也不

具备太好听的传说故事，所以，对于一般的天文爱好者，可以先行忽略。这里先就我们已经"装到口袋里"的星星，做个小结吧！

北斗七星加上北极星，是 8 颗。对应于北极星的仙后座"W"五星，仙后座的 α、β、γ、δ 和 ε，对应我国星名为王良四、王良一、策星、阁道三和阁道二。这就是 13 颗星了。它们基本属于"星霸"1 到 3 级需要认识的星星。

紫微垣左垣八星加右垣七星就是 15 颗星，初学者只需要能认清楚"墙垣"的走势就好了，至于辨认它们，那基本上是"星霸"7 级以上的事情了。这样加上前面的 13 颗，我们差不多有 28 颗星星可以认识。

北极五星：天枢（天一、太一）、后宫、庶子、帝星、太子分别对照的是鹿豹座 32H、小熊座 4、小熊座 5、小熊座 β 和小熊座 γ 星。勾陈六星对应的是小熊座 α、δ、ε、ζ、仙王座 43、仙王座 36。这样，我们就又多认识了 11 颗星。

大小熊星座，能够增加的星星包括"三台星"的 6 颗星和文昌（曲）星的一颗或者六颗星。这里我们可以再加上 7 颗星。

天龙座里 α 星我们已经认识了，天龙座 γ 是天龙的"头"，也是星座中最亮的那一颗，可以认识一下。然后再注意天龙座流星雨和 NGC6543 猫眼星云就已经很棒了。

总结一下，8+5+15+11+7+1=47，再加上两个梅西耶天体就是 49 了。星霸 10 级我们说应该是认识 100 颗以上的天体，你在北极附近就差不多完成任务的一半了，是不是很有成就感。

9.1.3 黄道星座

从"需要"的角度来说，大家最想认识的星（座），除去北极星、北斗星等，就应该是黄道十二星座了。北极附近的星空（故事）是中国星空体系唱主角；黄道上那就是西方的十二星座了。因为它们都有美丽的故事，还被星相学家赋予了许多东西，性格、前途、婚姻等，总之，你关心自己什么，他们就为您"设想"什么。

由于我们星霸等级的需要，所以，在介绍黄道十二星座时，对每个星座，先给出它的 1 颗"主星"，然后给出它的"标识星"2 ~ 3 颗，最后给出星座的"形状星（能构成星座基本形象）"若干颗。最后，我们还是会做"星数小结"的。

1. 白羊座

白羊座（图 9.10）是黄道第一星座。每年 12 月中旬正在我们头顶。白羊座看上去太小、太暗，但它是 2000 年以前春分点所在的星座，现在的春分点已经移到双鱼座。白羊座的主星是 α 星，标识星建议去认识 α，β 和 δ，这样可以把羊头和羊尾串连起来。

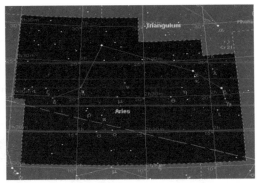

图 9.10 白羊座

2. 金牛座

金牛座最佳观测月份是 12 月到 1 月。金牛座 α 星（毕宿五，全天第十三亮星）和同样处在黄道附近的狮子座 α 星（轩辕十四）、天蝎座 α 星（心宿二）和南鱼座 α 星（北落师门）在天球上各相差大约 90°，正好每个季节一颗，它们被合称为黄道带的"四大天王"。

寻找金牛座（图 9.11），从冬季星空的"冬季六边形"开始。找到其中的毕宿五，它就是金牛座的主星。标识星是它再加上 β 和 ς 组成金牛的两个犄角；λ 和 γ、ξ 星是金牛的两条"前腿"。

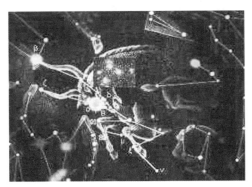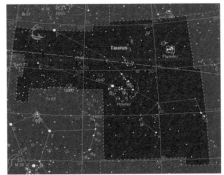

图 9.11 勇往直前的金牛

金牛座中最有名的天体，就是"两星团加一星云"。 连接猎户座 γ 星和毕宿五，向西北方延长一倍左右的距离，有一个著名的疏散星团——昴星团。另一个疏散星团叫毕星团，它是一个移动星团，就位于毕宿五附近。M1（蟹状星云）是一颗超新星爆发的遗迹。

3. 双子座

双子座（图9.12）最佳观测月份是1月到2月，寻找它可通过"冬季六边形"。双子座 β 星（北河三），比双子座 α 星亮一点（为了兄弟友谊 α、β 星对换了）可视为主星。α、β 星可视为标识星。双子座流星雨是最可靠的流星雨之一，它的峰值出现在12月13日或14日。在无月的夜晚，每小时可以看到多达60颗的流星。

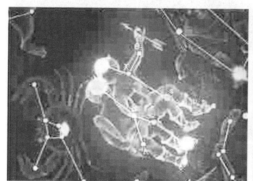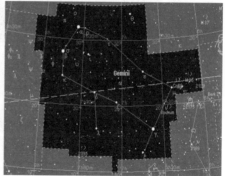

图 9.12　双子座

4. 巨蟹座

巨蟹座最佳观测月份是2月到3月。尽管巨蟹座没有一颗超过4等的亮星，但它却很好辨认：它的两边都是亮星座——西边是双子座，东边是狮子座。 巨蟹座由较亮的3颗恒星 α、β、δ 组成一个"人"字形结构，可视为标识星（图9.13）。β 星最亮可视为主星。

5. 狮子座

狮子座最佳观测月份是3月到4月。它在春季的星空很是"醒目"，可以借助于"春季大三角"先找到狮子座 β 星（五帝座一）。然后，狮子座就可以看成是由一个三角形（狮子尾巴）、一个五边形（狮子的身子）和一把"镰刀"也可以看成是一个"反问号"（狮子的头、脖子及鬃毛部分）组成（图9.14）。

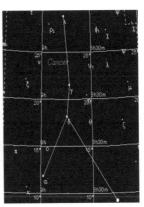

图 9.13 巨蟹座

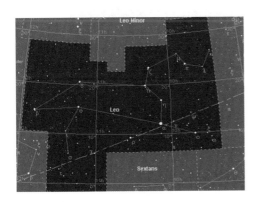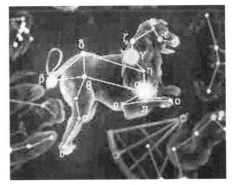

图 9.14 狮子座

狮子座 α 星是主星,标识星可选 α 和 β。每年 11 月 14、15 日前后,流星雨之王——狮子座流星雨就在反问号的 ς 星附近出现。

6. 室女座

室女座(图 9.15)的最佳观测月份为 4 月到 6 月。寻找它可以依靠"春季大三角",其中有室女座 α(角宿一、1.00 等),可以视为主星。α、γ 和 β 星可视为标识星。

7. 天秤座

天秤座(图 9.16)最佳观测月份是 5 月到 6 月。位于室女座与天蝎座之间,在室女座的东南方向。星座中最亮的四颗星 α(氐宿一,目视双星)、β(氐宿四)、γ(氐宿三)、ς(氐宿增一)构成一个四边形,可视为标识星。β 星(可视为主星)

义和春李大三角构成一个大菱形。它是全天唯一一颗肉眼可以看出为绿色的星。

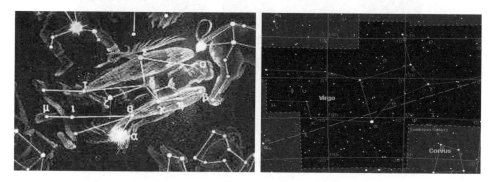

图 9.15　室女座

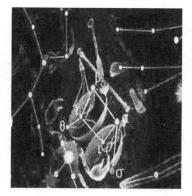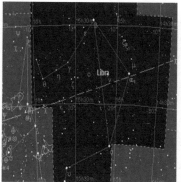

图 9.16　天秤座

8. 天蝎座

天蝎座最佳观测月份是 6 月到 7 月。位于南半球，在西面的天秤座与东面的射手座之间，是一个接近银河中心的大星座。夏季出现在南方天空（北半球 40 度以上的高纬度地区较难看到），蝎尾指向东南，那里是银河系中心的方向。α星（心宿二）是红色的 1 等星，可以作为星座主星。疏散星团 M6 和 M7 肉眼均可见（图 9.17）。

认识天蝎座，可以去找两个"三连星"和一个"天勾九星"可视为标识星。第一个"三连星"中心的星，就是天蝎座 α 星（心宿二），我国称之为"大火"，是天上的"三把火"之一（其他两把火分别是猎户座 α 星和火星）。也是古代波斯人选择守护天球的四柱（星）之一，其他三根柱子是：南鱼座的 α 星（北落

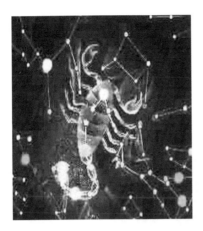
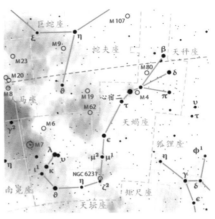

图 9.17 天蝎座

师门）、狮子座的 α 星（轩辕十四）及金牛座的 α 星（毕宿五）。心宿二和 σ、τ 构成蝎子的"心胸"部分，其中心宿二是心脏；σ 星的右上方是 δ 星，它和 β 星（蝎子的前额）、π 星组成另一个"三连星"，构成蝎子的"头"和两只前"螯"；"天勾九星"则是从 τ 星开始，由 ε、μ、ς、η、θ、ι、κ 和 λ 九颗星构成蝎子弯弯的身子。在尾巴头上的 λ 星旁边，还有一颗 ν 星，那是蝎子尾巴上的"毒针"。

9. 射手座

射手座（图 9.18）最佳观测月份为 7 月到 8 月。夏夜，从天鹰座的牛郎星沿着银河向南就可以找到它。因为银心就在射手座方向，所以这部分银河是最宽最亮的。射手座中亮于 5.5 等的恒星有 65 颗，最亮星为射手座 ε（箕宿三、1.85 等），可视为主星。

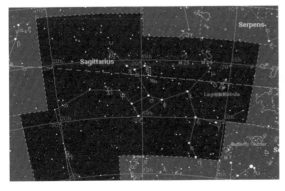
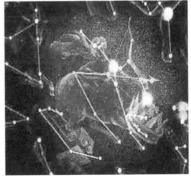

图 9.18 射手座

在我国，射手座里最重要的就是"南斗六星"。μ 和 λ 为"斗柄"，φ、σ、τ 和 ζ 形成"斗身"，也就是斗宿。这六颗星就是射手座标识星了。

10. 摩羯座

摩羯座（图 9.19）最佳观测月份为 8 月到 9 月。它是个不太亮的小星座，最亮星是摩羯座 δ（垒壁阵四），可视为星座主星。

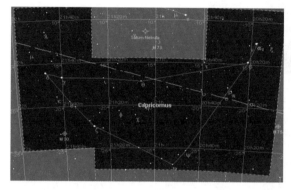

图 9.19　摩羯座

这个南天星座尽管没有一颗亮星，但轮廓相当清楚，组成一个倒三角形结构，在黑暗的夜晚很容易辨别。如果你想简单地辨星，那你就把它看成一个"三角形的大风筝"，δ、α（牛宿二）和 ω（天田二）在三个顶角上，它们可以视为摩羯座的标识星，摩羯座 α 在我国还有一个名称"牵牛星"，就是牛郎织女故事中的那头老牛；再复杂一点，在希腊神话中，摩羯是一个长着羊的上半身和鱼的下半身的怪物，形象意味着冬至日（太阳高度最低）的太阳在艰难地升高……那么，羊头就是 α 和 β，羊身子应该是 ρ、τ 和 θ 星构成，而 ω 星是"羊腹"（阿拉伯人就是这样叫的）；鱼的尾巴是 δ 星，连接的鱼身子由 θ、ι、γ 和 ξ、κ 构成。

11. 宝瓶座

宝瓶座最佳观测月份是 8 月到 10 月（图 9.20）。

最亮星为宝瓶座 β（虚宿一），可视为星座主星。宝瓶座是一个大但暗的星座，位于黄道带摩羯座与双鱼座之间，东北面是飞马座、小马座、海豚座和天鹰座，西南边是南鱼座、玉夫座和鲸鱼座。宝瓶座 α 星为抱着宝瓶的少年的右肩，β 星为他的左肩，γ 星是他抱宝瓶的右手，这三颗星可视为星座的标识星。

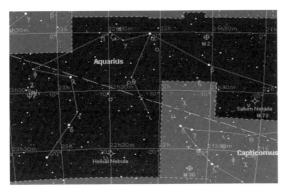

图 9.20 宝瓶座

12. 双鱼座

双鱼座最佳观测月份是 10 月到 11 月。最亮星为双鱼座 η（右更二），可视为主星。现在的春分点位于双鱼座 ω 星下方（图 9.21）。

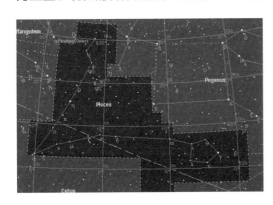
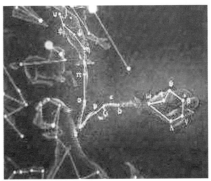

图 9.21 双鱼座

双鱼座虽然是较大的星座，但组成星座的恒星都很暗。双鱼座最容易辨认的是两个双鱼座小环（鱼头），特别是紧贴飞马座南面由双鱼座 β、γ、θ、ι、λ 和 κ 组成。另一个小环（鱼头）位于飞马座东面，由双鱼座 σ、τ、υ、φ、χ、ψ1 等恒星组成。然后就是连接两条鱼的"V"形缎带，结点在 α 星处。一条从 α 星开始，经 ο、π、η、ρ 到 ψ1；另一条从 α 星开始，经 ν、μ、ς、ε、δ、ω 到 ι 星。α、ψ1 和 ι 三星连成的"V"形主干，可视为标识星。

13. 星数小结

黄道十二星座，每个给出了一颗主星，共 12 颗星。每个星座的"标识星"

共 44 颗星，减去前面已经作为主星的 10 颗，还有 34 颗星。

至于每个星座能够体现"结构""形状"的星，我们这里就不做总结了。那些星应该是"本命星座"的"星霸"们更加注意的。基本上每个星座再加 3 ~ 10 颗吧，平均 5 颗。

那么，黄道十二星座总体：12（星座主星）+34（标识星）+5（本命星座的形状星）=51 颗。加上天极附近的 49 颗，已经可以超过"星霸"要求的 100 颗了。

9.2 坚持一年你就能够认识春夏秋冬的星星

前面我们为您介绍的星星，都是先给星座名，然后括号里再加上我国天空系统的"星官"的名字。比如：双鱼座 β（霹雳一），给出 88 星座的名称符合目前流行更广的西方天空体系，而给出我国"星官"的名字，则是因为，对于接下来四季星空的介绍，"星官"们会为我们演绎一个个的"战场"、一个个的贸易场景、一个个的"官场争斗"。

9.2.1　春季　乌鸦座　长蛇座　西北战场

图 9.22 的春季星空（3、4、5 月），图中边上"发黑"的一圈就是银河。这是因为北银极的方向就是后发座，银河恰好在地平线上。

春天的星空可以概括为四句话："参横斗转，狮子怒吼，银河回家，双角东守。""参"指参宿，即猎户座，横于西天。"斗"指北斗，由东北角逐渐转上来。"狮子"就是狮子座，独霸南天。"双角"指"大角星"和"角宿一"，据于东天一方。春季的主要星座是：狮子座、牧夫座、室女座、乌鸦座、天龙座、长蛇座等。

春季的夜晚，北斗七星挂在头顶。这次我们用到的是"斗柄"。您顺着斗柄两颗星的连线，很自然地划下去，就能看到两颗很亮的星——牧夫座 α（大角、–0.04m、全天第四、北天第一亮星）和室女座 α。这条"曲线"的终端指向了乌鸦座，被称为"春天大曲线"（图 9.23）。把这两颗亮星连线作为等边三角形的一条边，再去找到狮子座 β 星，"春天大三角"就完成了。

乌鸦座主星是乌鸦座 γ，春季的标志性星座就是狮子座。春季星空还有一个全天最大的星座长蛇座，跨度达 102 度，可以说横跨整个春季的南方天空（图 9.22）。由于它亮星不多，所以经常被认为是一条刚刚"冬眠"醒来、潜伏在草丛中的长蛇。主星为长蛇座 α。

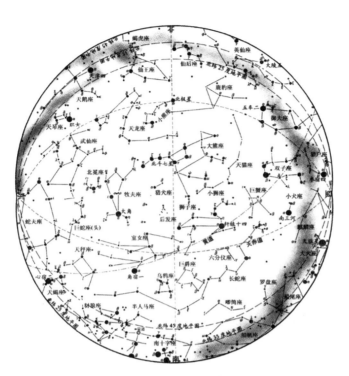

图 9.22 春季星空

图 9.23 春季大曲线和春季大三角

春季星空是我国天空"分野"的"西北战场"。自战国以后，中原和边界上的"少数民族"就经常发生战争。这自然也就会在"天象地映"的"天文"中有所反映。分野中和外族发生战争的场所，主要是在三个方向：西北战场（图9.24）的"西羌"、北方战场的"匈奴"和南方战场的"南蛮"。

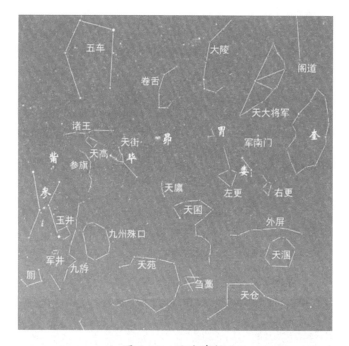

图 9.24　西北战场

西北战场处于28宿中的西方参、觜、毕、昴、胃、娄、奎中，其中毕代表中原，昴代表胡人，毕宿、昴宿也是主要的战场。他们之间的"天街"两星是分界属毕宿，即金牛座κ2和金牛座ω，之所以把这么暗的星星也作为星官，一是它们作为西北战场的分界线；二是黄道刚好在两星的连线之间通过，也就是说，日月七曜从这里开始"逛天街（走上黄道）"。

我们先看到的是战场上军旗高悬，那是"参旗九星"。九星中的参旗三到九，在猎户座中是猎户座π1～π6，它们组成了猎户手中的那张弓。天大将军（星）坐镇指挥，他是天将十一星之首，也是仙女座γ星，其他十颗星都不是很亮，但它们在天上构成了一个"网状"，似乎是随时等待命令捕捉敌人。出兵走的"军南门"是仙女座φ，士兵沿"阁道"进发，阁道星共六颗，最亮的是仙后座δ。战车是古时战场上的主力军，"五车"星就在大将军的旁边。似乎是巧合，五车5

星都在西方星座的"御夫座"里，都是"车"。

兵马未动粮草先行。在大将军边上有天厩用来养军马；天廪用来储存军粮；刍藁六星代表专门喂军马的草料；还有供大军饮水的"军井""玉井"，天厩、天廪、刍藁六星——这些星只能在中国星图中才有。图9.25给出的是西方星图中的天兔座，其中主要的四颗星是我们国家的天厕四星。

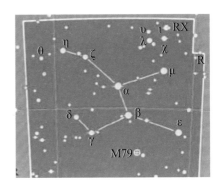

图9.25　天兔座

星数小结：

首先是"春季大曲线"中前面没有介绍过的大角（牧夫座α）和大曲线指向的乌鸦座γ，星霸5级之内应该包括它们。

然后是长蛇座的两颗标识星，长蛇座α和长蛇ε。

"天街"的两颗星，对于了解西北战场很重要，需要5级以上的星霸去认识它们；天街一和天街二，它们是有点暗，但是位置还是容易确定的。

"参旗九星"是西北战场的标志，认识最亮的参旗六，再熟悉一下"参旗"的形状就好了。顺带再去找找天大将军星，战场主帅肯定要认识，何况它很亮。

军南门（仙女座φ）还是尽量去找找。阁道六星，要认识最亮的阁道三（仙后座δ），然后要看清"阁道"的走向。

接下来就是五颗五车星了，御夫座的五颗亮星，都很好认。

天厕星中最亮的厕一（天兔座α）。

这样我们在春季就能多认识:2（春季大曲线）+2（长蛇）+2（天街）+2（参旗和大将军）+7（军门、阁道加五车）+1（厕星）=16颗星了。到此，加上前面北极和黄道认识的100颗，我们最少也有110颗星了。您认识其中的一半55颗，应该是绝对有把握的。我们的目标是80～90颗。加油！

9.2.2　夏季　牛郎织女　太微垣　南方战场

夏夜的天空，主角应该是横亘天空的银河。不过，有人做过调查，现代人中大约超过80%的人，没有见过银河。一是天文学的普及力度不够；二是空气质量太差；三是城市化带来的"麻烦"。可以说，很多人居住地一小时车程之内，基本上是看不到银河的。

说到银河，要讲讲牛郎织女的故事。虽然"老掉牙"了，但是依托它们构成的"夏季大三角（图9.26）"，是夏夜中最容易识别的；而且从大三角出发，很方便找星、找到银河。银河系的中心在射手座、天蝎座，我们已经在黄道星座里介绍过它们。这里为您介绍天琴座、天鹰座、天鹅座，然后告诉你我国的太微垣（政府机构）都有什么，他们是怎样排布"南方战场"的。

每年放暑假的时候，晚上8点左右抬头看头顶，织女星（天琴座α）很亮，蓝白的颜色很是耀眼。如果你有幸能够看到银河，那银河另一边的牛郎星（天鹰座α），我国星官体系中的"河鼓二"，它们连线构成"夏季大三角"的一条长边，织女星和天津四（天鹅座α）连线构成另一条边。

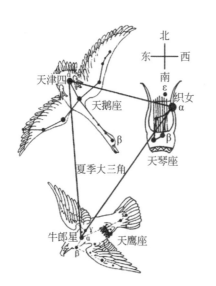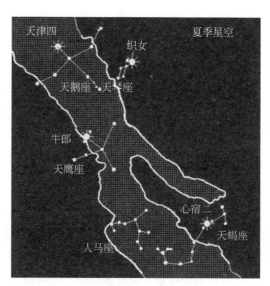

图 9.26　夏季大三角

天鹰座在河对面比较好找，但是星座的形态不是很好确认。天鹰座β、γ和牛郎星一起构成"三连星"，也就是传说中的"扁担星"。天鹰座ς、μ、δ、η和θ是天鹰的两个翅膀（图9.27），天鹰座ρ是尾巴，天鹰座λ是天鹰的头。

天鹅座就要壮观得多，其中的天鹅座α、γ、η、X-1（第一个被确认的"黑洞"）和β构成"十字架"的竖支，β星是头、α星是尾；天鹅座ν、ξ、δ、γ、ε和κ构成两个长长的翅膀，天鹅座γ在中间，悠闲地向着银河系中心飞去。

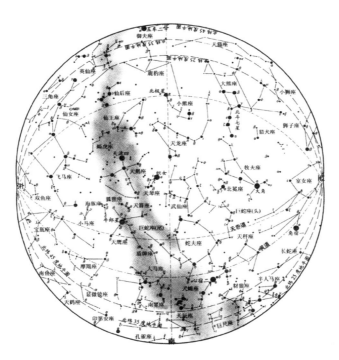

图 9.27 夏季星座

说完西方体系的星空，该说说春夏季节我国星空体系中重要的太微垣（图 9.28）和南方战场了。《天官书》说："太微，三光之廷。"是指日月行星都会从那里经过的意思，黄道就是挨着左执法（室女座 η）和右执法（室女座 β）

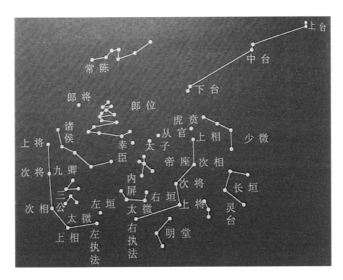

图 9.28 太微垣

经过的。紧挨着皇宫"紫微垣"就演变成了政府机构的所在地，称太微垣。星名亦多用官名命名，例如左执法即廷尉，右执法即御史大夫等。它们两个也成了"守门官"，在太微垣垣墙的南端一边一个，那里也就称为南门或端门；太微左右垣共有星 10 颗。左垣 5 星，由左执法起是东上相、东次相、东次将、东上将；右垣 5 星，由右执法起是西上将、西次将、西次相、西上相。太微垣居于紫微垣之下的东北方。"三台星"是上下的"阶梯"。

端门边上首先是明堂，是古代帝王宣明政教的地方，凡朝会、祭祀、庆赏、选士等大典皆在此举行。明堂三颗星都属于狮子座，都不很亮，你知道它们在端门边上就好了。太微垣里最重要的还是"三公九卿"，它们各自都有三颗星，都属于室女座，也都不是很亮，位置挨着左垣墙。它们的后面就是"五诸侯星"，五诸侯一、二、三、四、五，它们 5 个也不亮，但是不能像介绍"三公"一样一带而过，有 3 个理由：（1）它们都在后发座，那里远离了银河系盘面气体和尘埃物质的遮挡，"光线"容易通过，就形成了一个从银河系内观看河外星系的极好窗口；（2）后发座星团是我们发现的最大的星团之一，距我们 3 亿～4 亿光年，包含1000 多个大星系，小星系可高达 30000 个；（3）正因为它位处银极，所以对研究银河系结构很重要。

靠近太微右垣的都是"皇亲国戚"。五帝座一的五颗星都属于狮子座，这里不是说有 5 个皇帝，而是表明东西南北中五个方位，皇帝都管。然后是太子、从官也属于狮子座，旁边还有一颗星叫"幸臣"，比其他大臣都要靠近皇帝。

太微垣的星都不是很亮，可能是因为位置太靠近紫微垣，不能"喧宾夺主"的缘故吧。介绍它们主要是想让大家了解、认识它们的结构，方便认识它们所在的星座，比如，室女座、狮子座等。最后要说的就是"灵台"三星，也就是"皇家天文台"，灵台一（狮子座 χ）最亮、灵台二（狮子座 59）恰好在黄道上和灵台三（狮子座 58）。灵台遗址在河南洛阳南郊，湖北荆州还有一个灵台县。

南方战场（图 9.29）位置在角、亢、氐三宿之南。战场总指挥是骑阵将军（豺狼 θ1），下属有骑官二十七，主要有十星：骑官一、二、三、四、五、六、七、八、九和十，在西方体系中，它们都属于豺狼座；车骑三星：车骑一、二和三；从官三星：从官一、二和三。然后是阵车三星：阵车一、二和三，可谓是阵容整齐、等级森严。

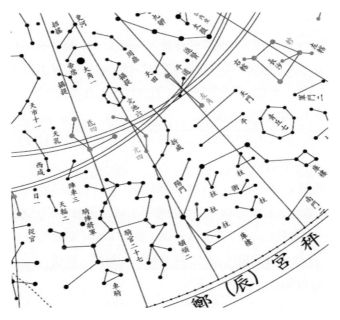

图 9.29 南方战场

它们管带着代表士兵的积卒星十二颗,其中最亮的两颗:积卒一、积卒二。"柱星"10 颗应该是"岗楼、哨兵"。士兵和战车都是在"库楼(星)"里,库楼十星,弯曲的六颗是库,放战车的;围起来的四颗是楼,住人的。十颗星均属于半人马座。

军阵中开了四道门:天门、阳门、军门和南门。其中天门跨越黄道,据说是供天体出入之门,可它在战场内,也应具有震慑(天门)作用,天门 2 星较暗:天门一、二;阳门正对着北方大后方:阳门一、二;军门和南门是军队出击时走的,军门 2 星只有一颗比较亮:军南门(仙女座 φ);南门 2 星则很亮,尤其是南门二是离我们第二近的恒星:南门一(半射手 ε)、南门二(半射手 α),看来,出入军营的重要关口是需要重兵(亮星)把守的。

星数小结:

认识织女星、牛郎星、天津四这些亮星,是必须的。

天琴座 ς(织女三)、β(渐台二)、γ(渐台三)、δ 和 ε(织女二)。构成了织女的梭子,也应该认识。

天鹅座 γ、η、β "十字架"的竖支,也就是天鹅的身子;天鹅座 ν、ξ、δ、γ、ε 和 κ,天鹅的大翅膀,对于 5 等以上的星霸,也需要认识它们。

天鹅座 X-1 以及海豚座 α 和 β 大致知道在哪里就可以了,不过,认识它们

是一种很大的乐趣。

天鹰座 β、γ 和牛郎星构成"三连星"，应该认识。其他的如天鹰座 ς、μ、δ、η、θ、ρ、λ 7 颗星，可以根据您的时间和精力决定是否去认识它们。

太微垣里，两边垣墙、后发座 5 星（五诸侯）以及灵台 3 星，作为高级别的星霸（8 级以上），可以尝试去认识。

南方战场中，骑阵将军星最好要找到，那可是统帅呀！其他的骑官、从官、车骑、阵车应该各找两颗认识。

库楼十星都比较亮，应该认识。南门 2 星同理。阳门和军门星，看你的兴致吧！

这样，3（夏季大三角）+4（织女的梭子）+9（天鹅身子加翅膀）+7（天鹰的身体）+8（左右垣墙）+5（五诸侯）+3（灵台）+1（骑阵将军）+8（骑官等）+2（南门）一共有 50 颗星啦！认识 25 颗星没问题吧。到此，55+25=80，达到星霸 8 级是绰绰有余的。

9.2.3　秋季　飞马仙女　老人星　天市垣

在秋季，北斗七星在我国的较低纬度地区较难看到，找北极星就主要靠仙后座的"W"组合了。好在它们都很亮，也就是说都很好找，一抬头它们就在你头顶的右上方。如果你觉得利用"W"组合找起来还是有些复杂，你可以利用"秋季大四方"，天文学中称为"天然定位仪"（图 9.30）。

秋季大四方是由飞马座 α、β、γ 和仙女座 α 构成，在天空中非常醒目。每当秋季飞马座升到天顶的时候，这个大四边形的四条边恰好各代表了一个方向，的确就是一台"天然定位仪"。

从"秋季大四方"西侧的那条边（飞马座 β 和 α 的连线，星空图是需要拿起来看的）向南延伸约 3 倍，会找到秋季南面夜空中最亮的星，四大天王的"南星"——北落师门（南鱼座 α）；从"秋季大四方"东侧的那条边向南延伸同样的长度，便到达黄道上的春分点的附近，太阳在每年春分时（即 3 月 20 日或 21 日）都经过此点。

找到"秋季大四方"，现在注意一下"飞马"的形状，怎么看似乎也看不出哪里像"飞马"？答案是：你要倒着看（图 9.31）。最要紧的是飞马的身子（还有翅膀），它是由大四方的四颗星组成。连接飞马座 α、ς、θ 构成马脖子；θ 和 ε 的连线就是马头；至于马腿，飞起来马腿就不是那么重要了，从飞马座 β 分

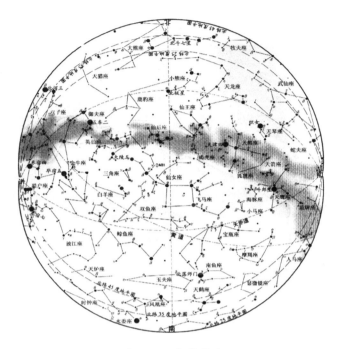

图 9.30　秋季星空

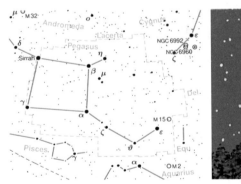

图 9.31　飞马座

别伸出到 η 和 μ 的方向上，就是飞马的两条"前腿"。飞马座中最令人瞩目的是飞马座 51，亮度 5.49 等，是一颗类似太阳的恒星，距离太阳系约 47.9 光年。1995 年被发现有行星围绕该恒星公转，是继太阳系外，首个被证实有行星的恒星。

飞在空中的仙女座（图 9.32），α 星是她的头；从仙女座 δ 分别向 ς 和 π、ρ 两边是她的双臂；δ 连接仙女座 β 是她的躯干；双腿从 β 星处分为：β、μ、 ι 到 η 和 β、ν 到 γ。

 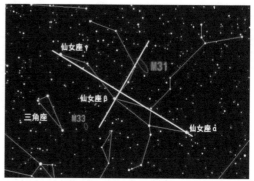

图 9.32　天上的仙女（座）和仙女座大星云（M31）

仙女座里比"秋季大四方"更著名天体就是仙女座大星云（M31），也称为安德森星云。它和银河系属于一个星系团，而且根据观测它们正在相互接近。对于我们认识星空来说，重要的是，它肉眼可见。总星等为 4 等，单位面积的亮度平均为 6 等，晴朗无月的夜晚用肉眼依稀可见，像一小片白色的云雾。与其相对的 M33，称为三角星云，也属于"本星系团"，亮度 5.72 等。星空条件好的情况下，也能够看到。它也是"暗夜星空标准"的参照星系。

对于秋天的星空，还有一个应该注意的星座就是英仙座。第一，它"横跨"秋天的银河（虽然因为是银盘方向而不是很亮）；第二，大陵五变星，那个女妖"美杜莎"就在英仙座；第三，就是因为壮观的、从不会"放你鸽子"的英仙座流星雨。每年 11 月 7 日子夜英仙座的中心经过上中天。对于爱好者来说能找到英仙座 α 和 β（大陵五）两颗星就可以了。

秋天最应该去看的一颗星就是老人星（船底座 α、–0.72 等）了，全天第二的亮星。但是，因为太靠近南天极，所以在我国的大部分地区很难被看到。大家应该知道，九九重阳节，也称为"登高节"，一方面是人要不断向上攀登、登高；另一方面估计是站在高处，方便看到老人星吧……不过，观测老人星的最佳时间段是每年的二月份，我们这里把看老人星，就算是一种寄托吧！你也可以顺带多注意一下南半球的星空。

现在说说我国星官体系中的天市垣。天市垣又名天府，长城。市者，四方所乐。既是老百姓的交易场所，也是天子接见地方官员的地方。天市垣内外，可以说是中国古代星空中最热闹的地方，环绕天市垣的一圈围墙其实是各个州郡的朝拜之地:魏、赵、九河、中山、齐、吴越、徐、东海、燕、南海、宋列在左边,河中、河间、晋、郑、周、秦、蜀、巴、梁、楚、韩列在右边,中间是天帝的座位。

天市垣(图9.33)在紫微垣的东南角。天市垣的中心是帝座(武仙座 α),天子脚下的市场,给皇帝"留座",太重要啦。帝座四周有宦者4星,是伺候皇上的,都不是很亮,最亮的是宦者一。侯星一颗,它的作用很大,也有点神秘。因为,虽有"帝座"但是皇帝不一定常在,所以"侯"是他的代表,另外它还起到掌握市场变化、公布行情等作用,算是市场"调度官"吧。女床三星是天帝的妻妾停留、休息的地方。女床一、二、三,三颗星挨得很近,应该很好找。

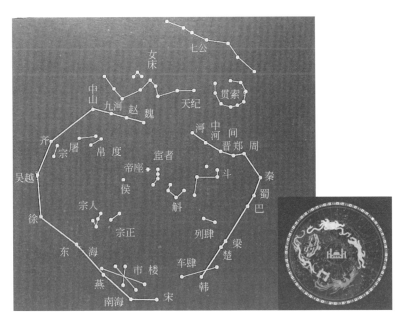

图 9.33 天市垣

七公是七位政府官员,民生问题关系重大,它们属于皇帝的委派官员:七公一到七,七公七最亮,尽可能地找到它,然后就方便找到七公的图形了。贯索和天纪各9星是"天牢"和司法部门,贯索最亮的是贯索四 (北冕座 α),天纪最亮的是天纪二(武仙 δ)。贯索9星为:贯索一到九;天纪九星为:天纪一到九。

市场内分工很是明晰。宗正、宗人、宗星是管理机构,战国时期的星相家石申说:"宗者,主也;正者,政也。主政万物之名于市中。"宗正2星:宗正一、二;宗人4星:宗人一到四;宗2星:宗一、二。他们"值班"应该是在市楼(6星)之上:市楼一到六。你最好认识宗正2星、宗人二1星、宗1星和市楼中最亮的

巾楼二。

如果说市场的管理机构是市场的"软件"，那列肆、车肆、屠肆、帛度、斗斛等就属于市场的"硬件设施"。

列肆 2 星是宝玉及珍品市场：列肆一、二；车肆 2 星是百货市场：车肆一、二；屠肆 2 星是屠畜市场：屠肆一、二；帛度 2 星是布匹、纺织品市场：帛度一、二。

斗（量固体的器具）星 5 颗、斛（量液体的器具）星 4 颗：斗一最亮和其他四星构成"斗型"在"宦者"星旁边；斛二最亮挨着斗星。

天市垣的围墙把市场围了起来，感觉它们更像是通往全国各州县的四通八达的商贸通道。天市左垣（从上到下）：魏（武仙座 δ）、赵（武仙座 λ）、九河（武仙座 μ）、中山（武仙座 o）、齐（武仙座 112）、吴越（天鹰 ς）、徐（巨蛇 θ 1）、东海（巨蛇 η）、燕（蛇夫 ν）、南海（巨蛇 ξ）、宋（蛇夫 η）；天市右垣（从上到下）：河中（武仙座 β）、河间（武仙座 γ）、晋（武仙座 κ）、郑（巨蛇 γ）、周（巨蛇 β）、秦（巨蛇 δ）、蜀（巨蛇 α）、巴（巨蛇 ε）、梁（蛇夫 δ）、楚（蛇夫座 ε）、韩（蛇夫座 ς）。

星数小结：

这一节星数较多，特别是热闹的天市垣。对于初学者来说，认识一些标识星就应该满意了。

秋季大四方，无论从哪个角度来说都很重要。所以四颗星加上北落师门 5 颗星，应该都要熟悉。

飞马座的 ς、θ、ε、η、μ，主要应该去认识飞马的图形，对于飞马座 51 建议特别重视一下。

仙女座图形相对要难认一些，尽量吧。仙女座 δ、ς、π、ρ、β、μ、ι、η、ν，6 级以上星霸可以尝试一下。

英仙座两颗星和老人星应该认识。

天市垣里，帝星、侯星、七公七、贯索四、天纪二需要认识，其他的星知道大概位置就好了。

宗正 2 星要找到，然后，知道宗人星在它们边上，两颗宗星在左边垣墙边上即可。

市楼星找到市楼二就好了，列肆、车肆都很暗，知道它们在右边垣墙边上就可以了；斗 5 颗、斛 4 星颗也不亮，但要确定一下它们在列肆、车肆的上面，宦者星的下面。

屠肆 2 星找屠肆一，帛度 2 星挨着屠肆 2 星。

左右垣墙，最好是 22 星都顺序找下来。对于 5 级以上的星霸，左边的起点魏星，终点宋星和中间的吴越星要找到，并连起来；右边同样，起点的河中星，终点的韩星和中间的蜀星要找到，并连起来。

这样，我们再做做加法：5（大四方和北落师门）+3（飞马座两颗形状星和 51 星）+2（仙女座两颗形状星）+3（英仙两颗加老人星）+5（帝、侯、七公、贯索和天纪各一）+3（宗正亮星加市楼二）+1（屠肆一）+6（左右垣墙各三颗星）。加在一起有 28 颗。到上一次星数小结时，我们已经最少有 85 颗星了，所以，到现在超过 100 颗星已经是绝对有把握了！

9.2.4 冬季 波江座 渐台天田 北方战场

对于生活在江南的人们来说，冬天来了，大熊（星座）就看不见了。但是，还可以利用猎户座（图 9.34）的亮星来定方向、找星星。在冬天的晚上，猎户座是最容易找到的，它由四颗亮星组成巨大的长方形，长方形的中间有三颗亮星斜着排列，它们就是著名的"三星（高照）"。猎户右肩的大红星叫作参宿四（猎户座 α），左脚的大蓝星叫参宿七（猎户座 β）。中间腰带的三星是参宿一（猎户座 ζ）、参宿二（猎户座 ε）与参宿三（猎户座 δ）。我们从猎户中间的参宿二与北上方猎户的头，猎户座 λ（觜宿一）连成一线，此线指向北极星。

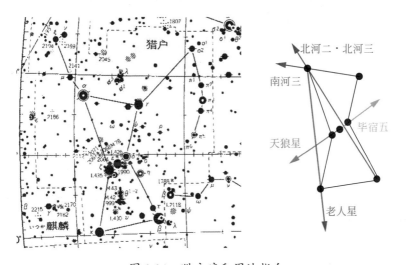

图 9.34 猎户座和周边指向

猎户的右脚是参宿六（猎户座 κ）、猎户的左肩是参宿五（猎户座 γ）；高举的"棒子"由 μ、ξ、ν 组成；伸出去的左臂拿着一张弓，从 o2（参旗二）星开始，一直向下连成一个弧形，它们是 π1、π2、π3、π4、π5、π6，我国星名是参旗四、五、六、七、八、九。

通过猎户座我们还能够很容易找到其他的星。把猎户的腰带往西南方伸延就能找到天狼星（大犬座 α）；向东北方则会碰到毕宿五（金牛座 α）。沿着猎户的肩膀往东就是南河三（小犬座 α）。从参宿七往参宿四的方向一直伸延就可见到北河二（双子座 α）及北河三（双子座 β）。这样，参宿七、毕宿五、五车二、北河三、南河三和天狼星就构成了著名的"冬季六边形（图9.35）"，它们都非常亮，极容易辨认，就是那种你一抬头，它们就在那里的感觉！另外，连接南河三和天狼星以及参宿四就组成"冬季大三角"。一个绝妙的等边三角形。

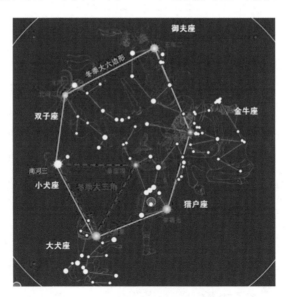

图 9.35　冬季六边形和冬季大三角

从猎户腰带挂下来的是他的剑，它是由猎户座 θ1（伐二）及猎户座 θ2（伐一）及猎户座大星云（M42）所组成，在我国称为伐星。另一著名的星云就是位于猎户座 ς（参宿一）处的马头星云（IC 434），它的名字来自当中的一团形似马头的黑色尘埃。

猎户座可以说是冬天星空，甚至是全年里最壮丽、漂亮的一个星座了。要说最长的星座，东西跨度是巨蛇座，南北跨度最大的就是波江座了。甚至谈论它还要区分"上游""中游""下游"(图 9.36)。它起始于猎户座和鲸鱼座之间,弯弯曲曲向南延伸,一直流到赤纬 –50° 以南。波江座的源头是波江 β 星(玉井三),它紧靠着参宿七,向南流去,上游是 β 到 γ;中游从 γ 到 δ、τ8;下游是 υ4 到 φ 直到 α 星(水委一),那里已差不多是南天极了。

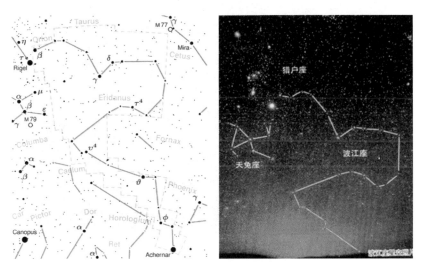

图 9.36 波江座从 β 星开始到 α 星结束

看到波江座里的"天苑星""天园星",就想到我们国家历来都是农业大国。"天苑"是养家畜的场所,天苑 16 星大多属于波江座,亮星很少;"天园"是栽种林木、果树的场所,也大多属于波江座;农牧业最重要的还是种粮食,所以有天田 9 星,也不亮。但是故事性很强,挨着它们的有牛宿的牵牛星、织女星,在它们下面就是"十二国星"(在射手座)广域的田地。此外,还有主灌溉沟渠的天渊十星,大多也在射手座;渐台、辇道、罗堰、九斿、九坎等,都和农牧业有关,管理这些事物的官员叫"土司空"(鲸鱼座 β)。

农具方面有箕、糠、杵、臼星,也多在射手座(南斗),其中杵一到杵三组成了西方国家的天坛座,两颗主星较亮:杵二(天坛 α)、杵三(天坛 β)。

耕作的民众有丈人(星)、子(星)、孙(星)、农丈人(星),农丈人在射手座,星等 4.88,仔细一点是能找到的。

他们养了天鸡(星)、狗(星),都在射手座。天鸡一、二,还有鳖星 11 颗,其中最亮的鳖一,如果去南半球就能找到。

最热闹的还是"北方战场"(图 9.37)。它位于北方七宿的南面,在战场的北

偏西有"狗国（星）"4 星，都较暗；还有"天垒城"13 颗星。都代表北方犬戎、匈奴等少数民族。

图 9.37　北方战场

走进战场，最抢眼的就是壁垒阵。自西南向东北由 12 星组成，属于黄道星座的摩羯、宝瓶、双鱼各 4 颗，其中壁垒阵四（摩羯座 δ）最亮。一带长壁，两边各有一个由 4 颗星组成的敌楼。它的后面住着强大的羽（御）林军。羽林军有 45 颗星，5 颗属南鱼座，其他 40 颗都在宝瓶座。这个战场比较重要，且北方强敌一向凶蛮，所以代表皇帝的"天纲"星（南鱼座 δ），亲自坐镇指挥。边上还有直通大后方补充兵力和给养的北落师门。看来在这个战场，中原是属于守势，不仅有长长的壁垒阵，还有专门为敌人设下的陷阱 6 颗八魁星，都在鲸鱼座，最亮的是八魁六（鲸鱼座 7）。还有锐利的兵器铁钺（3 星都在宝瓶座，都很暗）以及雷电 6 星（都在飞马座）助阵，最亮的是雷电一（飞马座 δ）。惨烈的战场自然有哭星（2 颗，摩羯宝瓶各一颗）和泣星（2 颗，都在宝瓶座），还有坟墓 4 星：坟墓一、二、三和四，都在黄道星座里介绍过，最亮的坟墓一 3.67 等。这些星告诉我们，为什么北方战场是位于危（机）宿和虚（虚无、荒凉）宿之间。

星数小结：

首先是冬季六边形我们前面没有介绍的几颗星：天狼星（大犬座 α）、南河三（小犬座 α）、参宿七（猎户座 β）。

然后就是猎户座的"形状星":参宿四(猎户座 α)、参宿一(猎户座 ς)、参宿二(猎户座 ε)、参宿三(猎户座 δ)和猎户座 λ(觜宿一);还可以进一步:参宿六(猎户座 κ)、参宿五(猎户座 γ);猎户座 μ(觜宿南四)、ξ(水府二)、ν(水府一);猎户座 o2(参旗二)、π1(参旗四)、π2(参旗五)、π3(参旗六)、π4(参旗七)、π5(参旗八)、π6(参旗九)。

波江座,源头:波江 β 星(玉井三);中游起始星波江 γ(天苑一);终点波江 α 星(水委一)。

土司空(鲸鱼座 β)、杵二(天坛 α)、杵三(天坛 β)和鳖一(望远镜座 α)这些有故事且又比较亮的星应该找到。

北方战场:天垒城十(宝瓶座 λ)、壁垒阵四(摩羯座 δ)、羽林军二十六(宝瓶座 δ)、"天纲"星(南鱼座 δ)和八魁六(鲸鱼座 7)这些星,一定要寻着我们的故事找下去……会很有乐趣的。

这样,冬天我们就收获了3(六边形)+10(猎户座)+3(波江座)+4(农牧业)+5(北方战场)一共 25 颗星,这我们已经是精简挑选过了。好啦!春夏秋冬一年,再加天极、黄道的星星,至少不下 110 颗了,下面我们来安排"星霸"的座次。

9.3 我要做"星霸"

我们的"星霸"分级是以你认识的星星的数目为基本标准的。从星霸 1 级到最高的星霸 10 级,每上升一级你需要多认识 10 颗星。在 1 ~ 4 级时,我们为你选择的标准星,是基本"固定"的,也就是说你要具备一定的星霸基础。等级越高,我们为您准备的,需要认识的星星就越多,你可选择的余地就越大。比如,星霸 1 级的 10 颗星,就是北斗七星加北极星,再加一颗季节星、一颗方位星。

"星空那么灿烂、美丽,我想认识那些星星!"

"眨眼睛的星星们,星霸来啦!"

我们将为你列出到星霸各级所需要认识的星星名称,其中包括必选星、可选星和参考星三种。必选星代表了你的基本水准,数目会达到星霸等级要求星数的大部分;可选星我们会以超过 2:1 的比例,为你提供需要认识的星星,你可以按照你的兴趣、喜好进行选择,以达到星霸等级的要求;参考星是一些略有"难度"的星,比如,星比较暗,但是它对于你又比较重要,类似于你的星座星,你想认识等情况。就是只是具有特定的理由时,你才可能去选择它们。

下面列出星霸 1 ~ 10 级需要认识的星星。

星霸 1 级（10 颗星）

必选星（8 颗）：北斗七星、北极星；

可选星（2 颗）：四大天王——狮子座 α 星（轩辕十四）、天蝎座 α 星（心宿二）、南鱼座 α 星（北落师门）和金牛座 α 星（毕宿五），你可以四选一；黄道十二星座中你的星座主星（除去双子座外，都是 α 星），十二选一。

星霸 2 级（20 颗星）

必选星（9 颗）：仙后座"W"形 5 星、四大天王余下的 3 星再加上全天最亮的金星；

可选星（1 颗）：黄道十二星座中你的星座标识星。

星霸 3 级（30 颗星）

必选星（8 颗）：文曲星 1 颗，四季标志星 4 颗——春季牧夫座 α 星（大角）、夏季天琴座 α 星（织女）、秋季仙女座 γ 星（天大将军）、冬季大犬座 α 星（天狼）；五大可视行星的 3 颗：火星、木星、土星；

可选星（2 颗）：黄道十二星座中，你的星座再加 2 星。

星霸 4 级（40 颗星）

必选星（8 颗 +）：黄道十二星座所有主星；

可选星（2 颗）：北极 5 星和勾陈 6 星，各选 1 颗以上。

星霸 5 级（50 颗星）

必选星（10 颗 +）：春季大曲线中，两颗主星已经认识，这里要确认连线并找到乌鸦座的位置、春季大三角（1 颗、狮子座 β）；夏季大三角 2 星（并连线）：天鹅座 α（天津四）和天鹰座 α 星（牛郎）；秋季大四方 4 颗（并连线）：飞马座 α、β、γ 和仙女座 α 星；冬季六边形 2 颗（并连线）：猎户座 β（参宿七）和小犬座 α（南河三）、冬季三角形 1 颗（并连线）；猎户座 α（参宿四）；

可选星（1 颗 +）：试着找找水星。

星霸 6 级（60 颗星）

必选星（10 颗 +）：黄道十二星座所有标识星；

可选星（3 颗 +）：连接太微垣和紫微垣的 6 颗三台星中的 3 颗。

星霸 7 级（70 颗星）

必选星（8 颗 +）：四季主要星座标识星：狮子座、天蝎座、飞马座、猎户座；

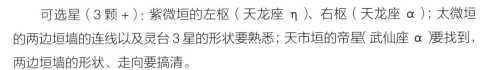

可选星（3 颗 +）：紫微垣的左枢（天龙座 η）、右枢（天龙座 α）；太微垣的两边垣墙的连线以及灵台 3 星的形状要熟悉；天市垣的帝星（武仙座 α）要找到，两边垣墙的形状、走向要搞清。

星霸 8 级（80 颗星）

必选星（10 颗 +）：四季中各选一个星座，起码认识标识星；

可选星（3 颗 +）：中国星官图中的西北战场、南方战场和北方战场，每个战场选择一颗自己认为的标志星。

星霸 9 级（90 颗星）

必选星（10 颗 +）：比较重要和"流行"的星座，如北极附近的大熊座、春季的狮子座、夏季的天鹅座和天蝎座、秋季的飞马座和仙后座以及冬季的猎户座和南十字座等，都要按照习惯的星座连线把星座星认全；比较重要、在前面没有提到的重要的星星，如老人星、土司空、大陵五等，也要认识。

可选星（10 颗 +）：全面熟悉三垣中的主要星星。

星霸 10 级（100 颗星）

熟悉黄道十二星座；认识并可以为别人介绍春季大曲线和大三角、夏季大三角、秋季大四方、冬季六边形和大三角；熟知利用星星的连线辨别方向的各种办法；熟悉月亮和五大行星的视运动情况；开始尝试利用望远镜（从双筒望远镜开始）去认识梅西耶天体。

为了方便查阅，我们为你列出表 9.1。

表 9.1　星霸 1 ～ 10 级称号及选星列表

等级	称号	星数	必选星	可选星
1	苍龙宫宫主	10	北斗 7 星、北极星	四大天王、黄道星座主星各选一
2	朱雀宫宫主	20	仙后座 5 星、四大天王余下的 3 星、金星	黄道（自我）星座标识星
3	白虎宫宫主	30	文曲星、四季标志星、火星、木星、土星	黄道（自我）星座形状星加两颗
4	玄武宫宫主	40	黄道 12 星座所有主星	北极 5 星、勾陈 6 星

续表

等级	称号	星数	必选星	可选星
5	天市垣堡主	50	春季大曲线、三角；夏季大三角；秋季大四方；冬季六边三角形的构成星	水星
6	太微垣堡主	60	黄道12星座所有标识星	三台星中的3颗
7	紫微垣堡主	70	四季主要星座标识星	左枢、右枢；帝星；三垣的垣墙
8	星主	80	四季各选一个星座，认识其标识星	中国星空中西北、南方、北方战场各选一星
9	星帝	90	较重要的星座，如大熊、狮子、大鹅、天蝎、飞马、猎户等能连线识别；较重要的星，如老人、土司空、大陵五等	熟悉三垣中的主要星星
10	天帝	100以上	熟悉黄道十二星座、能为别人指认星空的主要图形（夏季大三角等）、熟知利用星星的连线辨别方向的各种办法；熟悉月亮和五大行星的视运动情况	开始尝试利用望远镜（从双筒望远镜开始）去认识梅西耶天体

天文小贴士：太阳死后，地球还在吗？

虽然说我们的太阳还很年轻，可以继续燃烧大约50亿年，但总有一天，它会死去，到时候我们的太阳系会发生什么呢？

恐怕，在太阳死亡之前，麻烦就已经开始了。我们首先必须要面对的是年迈的太阳本身。随着太阳内部的氢持续燃烧，氢转变为氦的热核反应会因为无氢可用而终止。

当周围不能燃烧的物质越来越多，太阳的聚变反应越来越困难。向外辐射的能力也就越来越弱，而太阳大气层等外围物质向内的压力却一直存在。所以，为了维持平衡，太阳只能提高热核反应的温度，结果核心的温度也越来越高。

这就意味着，随着太阳一天天老去，它会逐渐变得明亮起来。比如，恐龙看到的太阳，比我们今天看到的，要来得黯淡一些。那么，再过个几亿年，我们的

地球在炽热太阳的照耀下会变得十分滚烫。

我们的大气层将荡然无存。海洋蒸发。总有那么一天，地球和现在的金星会十分相似，被令人窒息的二氧化碳大气团团包裹。

然后，更糟的情况发生了。

在氢聚变的最后阶段，太阳会不断膨胀，变大变红。一个巨大的火红色太阳定然会吞噬水星和金星。地球可能一样会被吞噬，也可能会逃过一劫，具体取决于太阳会膨胀到什么程度。如果太阳那膨胀的大气层也将地球淹没的话，地球会在不到一天的时间里消失。

不过，即便太阳没有膨胀到吞噬地球的程度，我们的命运也好不到哪里去。太阳释放出来的极端能量将足以使岩石汽化。到时候，我们的地球恐怕也只剩大铁球一个。

太阳辐射增强，对外行星而言自然也不是好事。土星环由几乎不含杂质的水冰构成。未来，当太阳温度升高时，土星环将不复存在。围绕这些外行星运行的冰封世界也将不复存在。木卫二、土卫二等都会失去它们的冰雪外壳。

起初，只有增强的辐射会破坏这四颗外行星，剥夺它们的大气层。这些大气层和地球大气层一样不堪一击。但是，随着太阳继续膨胀，太阳大气层的外层卷须会找上这些外行星。靠着吞噬这些物质，外行星进而变得比以往任何时候都庞大许多。

但此时，太阳还不会消停。在太阳生命的最后阶段，它会像心脏一样，反复膨胀和收缩，这个过程将持续数百万年。从力学角度，这不是最稳定的状态。一个疯狂的太阳会以怪异的方向吸引和排斥外行星，可能会导致外行星发生致命碰撞，或把外行星彻底踢出太阳系。

在之后的几亿年里，太阳系的最外围将成为适宜人类居住的地方。当巨大的火红色太阳释放出如此之多的热量和辐射时，适宜居住的区域（恒星周围温度恰好可以维持液态水的区域）将向外移动。

如上所述，起初，外行星的卫星将融化。失去冰雪外壳之后，它们的表面可能会有液态水海洋。最终，柯伊伯带天体（包括冥王星）也会失去冰霜。其中最大的一个天体可能会变成一颗迷你地球，在遥远的地方，绕着一个变形的红太阳运转。

再接下来，我们的太阳会放弃挣扎，在一系列大爆炸中褪去外层大气层，只

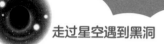

留下恒星核：一团炽热的碳和氧。这颗刚刚形成的白矮星仍然非常炽热，会释放出足以对已知生命带来致命打击的 X 射线。但是再过十亿年左右，这颗白矮星会逐渐冷却到更加容易控制的温度，然后久久地停留在浩瀚宇宙。

这颗黯淡的白矮星会创造出一个新的适宜居住区域。但是，由于这个曾经的太阳它现在的温度不太够，所以这个新的适宜居住区域离白矮星会非常非常近，比目前水星绕太阳的轨道更近。

在这样的距离之下，任何行星（或行星核心）都将难逃被潮汐力瓦解的命运，即白矮星的引力在不经意间将行星撕成碎片。

不过，这也可能是我们能得到的最好结局。

第 10 章　千千万万的恒星

天上的星星何止千千万，银河系里就有 2000 亿颗恒星，和银河系同级别的河外星系，天文学家最少也发现了 130 亿个。这千千万万颗看上去都不动的恒星，实际上它们都在动，而且动得很快，速度千差万别；它们的种类也可以说是千千万，不仅仅是大小、质量、发光强度的差别；演变周期、寿命、个体结构也是大不相同。而且，如果我说，天天的星星点点，绝大部分都不是一颗星星，而是双星、聚星、星团，像太阳这样在宇宙中单独存在的恒星，属于"少数民族"，宇宙中单独存在的恒星，低于恒星家族数量的 50%，这和恒星的演变过程，以及宇宙的环境有关。

10.1　恒星"抱团"

10.1.1　双星

双星是恒星世界中一种重要的组合形式。许多肉眼看上去单独闪耀的恒星实际上是双星环绕，甚至是多颗星共存的聚星。比如著名的北斗七星之一"开阳"和它的伴星"辅"就是一颗"目视双星"。天狼星有一颗肉眼看不到的伴星，由于它们之间的引力效应才得以被发现是双星系统。天体的许多物理属性（距离、光度、质量等）都要借助于双星的研究，宇宙中万有引力定律的验证，研究恒星的结构（大小、形状、大气成分等）和演化，对分光双星、X 射线双星的研究还可能帮助我们寻找黑洞并验证广义相对论的引力辐射效应。2019 年的诺贝尔物理学奖就给了研究双中子星验证宇宙理论的三位科学家。

如果你拥有一台小型的天文望远镜就可以享受双星的视觉美景啦！比如天鹅座 β 星，主星是一颗鹅黄色的 3 等星，伴星是一颗为主星 1/8 亮度的宝蓝颜色的小星，看上去就像是一个精美的钻石吊坠（图 10.1）。而由一颗超新星爆炸后留下的中子星和它红巨星的伴星组成的密近双星系统，可以说是既美丽又恐怖。

图 10.1　美丽的"双星吊坠"和正在"吸血"的中子星

双星是由两颗绕着共同的重心旋转的恒星组成。相对于其他恒星来说，双星的位置看起来非常靠近。组成双星的两颗恒星都称为双星的子星。其中较亮的一颗，称为主星；较暗的一颗，称为伴星。主星和伴星亮度有的相差不大，有的相差很大。

双星也称为双星系统。根据双星的性质可以把双星系统分为物理双星和光学（天文）双星。也可以根据观测手段的不同分为目视双星、分光双星等。没有特别指明的话，双星都是说的物理双星。

物理双星　伴星环绕着主星运动或者是环绕着双星共同的中心转动，并且互相有引力作用，称为物理双星。

光学双星　两颗恒星只是看起来靠得很近，但是相互之间没有构成物理系统，称为光学双星。

目视双星　通过观测工具（天文望远镜或者目视）就可以观测到并可分辨的双星称为目视双星。

分光双星　通过分析光谱变化才能辨别的双星称为分光双星。

食变双星　双星在相互绕转时，会发生类似日食的现象，从而使这类双星的亮度周期性地变化。这样的双星称为食变双星或食变星。

密近双星　双星之间不但相互距离很近，而且有物质从一颗子星流向另一颗子星，这样的双星称为密近双星。

X 射线双星　有的密近双星，物质流动时会发出 X 射线，称为 X 射线双星。

表 10.1 中给出了 25 颗肉眼就能看到的、五彩缤纷的双星的数据。天文爱好者不仅仅要熟悉星空，认识星座，还要观测流星、流星雨，寻找彗星，发现小行

星等。而定期地对双星进行观测，则是天文爱好者的一项即有观赏性，又有实用性的工作，他们的观测数据可以支持专业天文工作者的研究工作，也是天文晋级的台阶。

表 10.1　著名的双星

星名	方位（赤经、赤纬）	星等	距离	颜色
仙后 η	0 时 47.5 分、+57°42′	3.7 ~ 7.4	9″.6	黄与红
白羊 γ	1 时 52.1 分、+19°10′	4.2 ~ 4.4	8″.0	黄
双鱼 α	2 时 0.9 分、+2°39′	4.3 ~ 5.2	2″.2	白
仙女 γ	2 时 2.3 分、+42°12′	2.3 ~ 5.1	9″.8	黄与青
猎户 ζ	5 时 38.4 分、−1°58′	2.0 ~ 5.7	2″.1	白
双子 α	7 时 33.4 分、+31°56′	2.7 ~ 3.7	2″.7	白
狮子 γ	10 时 18.6 分、+19°59′	2.0 ~ 3.5	3″.9	金黄
大熊 ξ	11 时 16.8 分、+31°41′	4.4 ~ 4.9	1″.5	金黄
南十字 α	12 时 25.1 分、−62°58′	1.4 ~ 1.9	4″.7	白
室女 γ	12 时 40.3 分、−1°19′	3.7 ~ 3.7	5″.5	黄
猎犬 α	12 时 54.8 分、+38°27′	2.9 ~ 5.4	19″.8	白
大熊 ζ	13 时 22.9 分、+55°04′	2.1 ~ 4.2	14″.3	白
半射手 α	14 时 37.9 分、−60°45′	0.3 ~ 1.7	9″.9	金黄
牧夫 ε	14 时 44.0 分、+27°11′	3.0 ~ 6.3	2″.8	黄与青
巨蛇 δ	15 时 33.6 分、+10°37′	4.2 ~ 5.2	3″.7	淡蓝
天蝎 β	16 时 3.9 分、−19°44′	2.9 ~ 5.5	13″.3	白
天蝎 α	16 时 27.9 分、−26°23′	1.2 ~ 6.5	2″.9	橙与青
武仙 α	17 时 13.5 分、+14°24′	3.5 ~ 5.4	4″.7	橙与青
武仙 ρ	17 时 23.0 分、+37°10′	4.5 ~ 5.5	4″.0	白
蛇夫 70	18 时 4.2 分、+2°31′	4.1 ~ 6.1	6″.0	玫瑰色
巨蛇 θ	18 时 54.9 分、+4°10′	4.5 ~ 5.4	22″.2	白
天鹅 β	19 时 29.7 分、+27°55′	3.2 ~ 5.4	34″.5	黄与蓝
海豚 γ	20 时 45.5 分、+16°02′	4.5 ~ 5.5	10″.4	黄与青
宝瓶 ζ	22 时 27.6 分、−0°10′	4.4 ~ 4.6	2″.3	黄
仙王 δ	22 时 28.2 分、+58°16′	3.6 至 4.3 ~ 5.3	41″.0	黄与蓝

10.1.2 聚星　星团

比双星复杂的恒星系统有聚星和星团。

聚星是 3 颗到 6 颗、7 颗恒星在引力作用下聚集在一起组成的恒星系统。由 3 颗恒星组成的系统又可称为 3 合星，4 颗恒星组成的系统称为 4 合星，如此类推。

大熊星座中的开阳星，是一颗有名的聚星。首先，它是一颗肉眼可以分辨开的目视双星。主星大熊星座 ζ 是 2 等星；伴星大熊星座 80 号星中文名辅星，是 4 等星，离开大熊星座 ζ 星 11 角分。多年观测表明了这两颗恒星之间有力学联系。用望远镜观测大熊星座 ζ 星，可以发现它本身就是一颗目视双星，两子星相距 14 角秒，主星大熊星座 ζ1 星 2.4 等，伴星大熊星座 ξ2 星 4.0 等。大熊星座 ζ1 星又是最早被发现的分光双星。大熊星座 ζ1 星的伴星绕主星转动的周期是 20.5 天，离开主星的距离只有地球到太阳距离的三分之一左右。后来，又发现大熊星座 ζ2 星和大熊星座 80 号星也都是分光双星。所以，这个聚星是六合星。

HR 3617 是一个 3 星系统，由 HR 3617A、HR 3617B 和 HR 3617C 组成。A 和 B 组成物理上的双星而 C 则是视觉上接近。

半人马座 α 星（南门二）是一个 3 星系统，有主要的一对黄矮星（半人马座 α 星 A 和半人马座 α 星 B），同时还有较远的一颗红矮星：比邻星。A 和 B 是物理上的双星，轨道离心率极高，使它们接近时有 11 AU 而远离时可达 36 AU。相比于 A 和 B 之间的距离，比邻星离它们很远（大约 15000 AU），虽然这个距离相对于其他星际距离仍然较小，但是比邻星是否真的以引力吸住 A 和 B 则颇具争议。

北极星是一个 3 星系统。由于 3 颗星太接近了，在 2006 年哈勃太空望远镜拍摄后，我们才从对北极星 A 的引力影响中知道另外两颗星的存在。

比聚星更加复杂的恒星集团称为星团，星团分为疏散星团和球状星团两种。它们不仅存在着形态上的差异，恒星的构成、演化也具有不同的研究价值。

疏散星团形态不规则，包含十几至两三千颗恒星，成员星分布得较松散，用望远镜观测，容易将成员星一颗颗地分开。少数疏散星团用肉眼就可以看见，如金牛座中的昴星团和毕星团（图 10.2）、巨蟹座中的鬼星团等。

图 10.2　金牛座中的毕星团（左）和球状星团武仙座 M13（右）

在银河系中已发现的疏散星团有 1000 多个。它们高度集中在银道面的两旁，离开银道面的距离一般小于 600 光年。大多数已知疏散星团离开太阳的距离在 1 万光年以内。许多的疏散星团由于处于密集的银河背景中而不易辨认，或者受到星际尘埃云遮挡无法看见。据推测，银河系中疏散星团的总数有 1 万到 10 万个。

疏散星团的直径大多数在 3 ～ 30 多光年范围内。有些疏散星团很年轻，与星云在一起（例如昴星团），甚至有的还在形成恒星。巨蟹座中的老年疏散星团 M67，距离我们 2600 光年，亮度为 6.9 星等，年龄在 50 亿年以上。银河系中心的疏散星团 Arches，质量非常大，密度很高，由几千颗恒星组成。同在银河系中心的疏散星团 Quintuplet，是一个年轻星团，年龄不会超过 400 万年，主要由红巨星组成。金牛座中的昴星团，距离我们 417 光年，由 1000 多颗恒星组成。同在金牛座中的毕星团，由 300 多颗恒星组成，整个星团集体在空间移动，故也称为移动星团。英仙座中还存在一个双疏散星团。

球状星团外观呈球形，在轨道上绕着星系核心运行，很像卫星的恒星集团。球状星团因为被重力紧紧束缚，使得外观呈球形并且恒星高度向中心集中。已发现的球状星团多在星系的星系晕中，远比在星系盘中被发现的疏散星团拥有更多的恒星。

球状星团在星系中很常见，在银河系中已知的大约有 150 个，可能还有 10 ～ 20 个尚未被发现；大的星系会拥有较多的球状星团，例如在仙女座星系就有多达 500 个。一些巨大的椭圆星系，像是 M87，拥有的球状星团可能多达 1000 个。这些球状星团环绕星系公转的半径可以达到 40000 秒差距（大约 131000 光年）或更远的距离。在本星系群的每一个质量够大的星系都有球状星团伴随着，而且几乎每一个曾经探测过的大星系也都被发现拥有球状星团。

全天最亮的球状星团为半人马座 ω（NGC5139），它的密度大得惊人，几百万颗恒星聚集在只有数十光年直径的范围内，它中心部分的恒星彼此相距平均只有 0.1 光年。而离太阳系最近的恒星在 4 光年之外。北半天球最亮的球状星团是 M13。半人马座 ω（NGC5139）和 M13 两个球状星团，都是由英国天文学家哈雷发现的。

球状星团在银河系中对称于银河系中心分布。球状星团和银核一样，是银河系中恒星分布最密集的地方，这里恒星分布的平均密度比太阳附近恒星分布的密度约大 50 倍，中心密度则大到 1000 倍左右。

🛸 10.2　胎星　主序星　矮星　中子星

这一串的名字摆在这里，是在介绍恒星的种类？也对，不过，看看它们排列的顺序，懂得一定的天文知识的朋友，就会说：这是恒星演化的过程。

按照标准的概念，恒星指的是本身能够发生热核反应，能够发光发热，最终演化为致密残骸的星体。恒星有它的质量下限，至少也要相当于 8% 的太阳质量，如果小于这一质量，星体就无法产生足够的压力和温度，也就无法发生热核反应。恒星之间的距离通常很远，平均相距有 4 光年，距离太阳系最近的恒星比邻星（射手座 α 星）就距我们有 4.3 光年之远，乘坐人类速度最快的飞行器需要 15 万～30 万年才能到达。2016 年天文学家发现了目前已知最远的恒星——透镜恒星 1（LS1），它被命名为伊卡洛斯，距离地球大约 93 亿光年。

恒星距离我们越远，说明它的寿命够长。恒星的一生要经历漫长的演化，恒星来自于星云，死后会"回归"变为星云（物质）。

恒星的一生大致分为胎星、主序星、红巨星和致密星四个阶段。胎星是恒星的胚胎阶段，主序星是恒星的青壮年阶段，红巨星是恒星的衰败阶段，致密星（中子星是其中的一种形式）是恒星的死亡阶段（图 10.3）。质量越大的恒星寿命越短，质量越小的恒星寿命越长。质量大的恒星体积大，内部反应剧烈，很快就会将自己消耗殆尽，因此寿命相对较短；而质量小的恒星体积小，内部反应不剧烈，能量消耗速度很慢，因此寿命也就相对较长，有些质量小的星甚至可以与宇宙的寿命一样长。

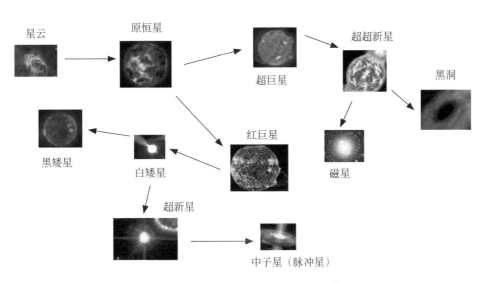

图 10.3 不同质量的恒星会走不同的历程,有不同的结局

星云是原始恒星形成的地方。我们能够观测到的最著名的星云是猎户座大星云。这个星云位于猎户座"腰带"上三颗星的下方,里面有很多原始恒星和一些刚刚诞生的早期恒星。另一个著名的原始恒星聚集地,是 M16 星云,也被称为鹰状星云(图 10.4)。M16 星云是一个暗星云,我们看到的"鹰状星云"是得益于星云背后亮星的照耀。

图 10.4 M16 星云

宇宙中有很多星际尘埃和气体，通常十分稀薄。当这些气体和尘埃达到一定的密度，就会形成星际气体云。

星云的质量达到一定程度，就会在自身的引力作用下开始崩塌和收缩。其中的物质被挤压，温度也会上升得很高。引力产生的势能转化为热能，这就导致它的内部产生高温，温度达到 2000 开时，星云进一步坍缩成一个球体，这就是原始的恒星。由于它还被包围在星云之中，即使发光也很不易被发现，就像是在妈妈肚子里的胎儿，所以，称为胎星。从宇宙中飘浮的气体和尘埃变成一颗恒星，一般需要 200 万年的漫长过程。

根据云团的大小不同，进化的速度也不同。在这个发育期，云团会继续向内收缩，云团的内核温度不断升高，达到超过 100 万摄氏度，就会进入主序星阶段。

主序星阶段是恒星演化的第二个阶段。星胚，也就是原始恒星初步形成后，会在引力作用下进一步收缩。气体在收缩的同时会释放出热量，其自身的温度就会升高，压力也会变大，收缩带来的反应生成更多热能，使得恒星的内核变得更加炽热。

当温度达到一定的高度时，恒星就开始发光。随着恒星内部反应不断加强，释放的能量越来越大，最终能够和自身的引力达到平衡，收缩过程就停止了。

当它的内部温度达到 1500 万度时，热核反应就开始了。在这样的高温下，氢原子核会发生核聚变形成氦原子核。云团这时开始具有了恒星的基本特征。只有开始了核聚变并释放能量，才算是成了一颗恒星。恒星正是从这时开始发光的。

处于这一阶段的恒星一直进行核反应，这些核反应使恒星的温度和亮度都保持在一定的水平上，不会发生多大的变化。在恒星的生命周期中，90% 的时间处于主序星阶段。我们的太阳就处于这一阶段，它已经稳定了 50 亿年，预计还能再保持 50 亿年。恰恰由于太阳具有如此漫长的稳定阶段，我们才得以在这个时间段内拥有一个稳定的生存环境，让生命不断延续下去。

太阳受质量、体积、温度和压力的限制，最多能够完成两级核反应：首先由氢聚变为氦，当氢所剩不多而氦占大部分时，一旦温度压力足够大，那么就会启动第二层级核反应，由氦聚变为碳（三个氦聚变为一个碳）。当全部反应结束后，太阳就会发生坍缩和反弹式爆发，核心变成一颗白矮星，爆发出去的物质形成行星状星云，这些物质就包含了各种元素，地球内部的物质和丰富的元素就来源于太阳的上一代恒星的爆发。

　　而比太阳质量更大的恒星则能够发生多层级核反应，具体能够达到哪一级，则是由恒星的确切质量所决定的（图 10.5）。当聚变达到铁一级时，就无法再继续聚变下去了，因为铁元素聚变不释放能量，反而会吸收能量。因此，最大的恒星也只能反应到铁，而铁之后的元素，只能通过超新星爆发的形式产生。

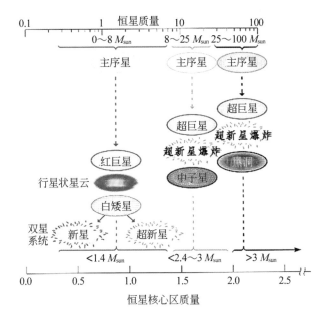

图 10.5　恒星的质量不同，演化过程和最终的结局也不同

　　当红巨星的核聚变反应停止下来后，膨胀中的红巨星也几乎燃烧完了燃料，膨胀压无法再与收缩压平衡；在引力的作用下，红巨星开始坍缩，气体壳与中心核相撞，发生反弹和爆发；由于中心的高温高压，中心核被压成了一个致密的星核，这就是恒星的致密星阶段，恒星临终前的这种爆发，则被称为新星爆发或超新星爆发。

10.3　恒星之最

　　体积最大的恒星是盾牌座 UY。它是一颗红超巨星，是现今人类已知体积最大的恒星，半径可达（1708±192）R_{sun}（R_{sun}= 太阳半径），半径约为 7.94AU（1天文单位 = 日地距离），仅仅略小于土星轨道半径。尽管其体积非常大，但其质量仅仅为（7 ~ 10）M_{sun}（M_{sun}= 太阳质量）。这颗恒星不仅在体积方面巨大，还

有很大的发光强度。但由于距离太远，这颗恒星的视星等仅为9等，肉眼无法看到。

质量最大的恒星是 R136a1 恒星，它是一颗沃尔夫 - 拉叶星（变星的一种）。这颗恒星的质量估计是（265～315）M_{sun}。这颗恒星的发光强度也很大，是太阳的 10 万倍。它位于大麦哲伦星系的蜘蛛星云中，是靠近剑鱼座 30 复合体的 R136 超星团中的成员。2010 年，R136a1 被公认为质量最大和最明亮的恒星。

质量最小的恒星是 2MASS J0523-1403，J0523 是处于主序星阶段的红矮星（M 型主序星），距离地球约 40 光年，于 2014 年被 2MASS（2 微米全天巡视）项目发现。它的亮度仅有太阳的 1/8000，表面温度为 2251℃（太阳的表面温度为 5500℃），直径仅有太阳的 0.09 倍，甚至比木星还要小。实际上，这颗恒星离我们相当近，只有大约 40 光年，但因为非常暗淡，你必须用大望远镜才能看到它。你用肉眼能够看到的最暗恒星，都要比 J0523 明亮 100 万倍！

最古老的恒星是 SMSS J0313，它的年龄约为 136 亿年。恒星的铁元素含量上限非常低，不及太阳的百万分之一，这意味着它是一颗第二代恒星，由最古老的第一代恒星死亡释出的气体云聚集而成。SMSS J0313 有较高的碳含量，是铁含量的 1000 倍。除了形成于大爆炸的氢元素外，恒星还含有碳、镁和钙元素等，可能形成于低能量的超新星爆炸。天文学家还从该恒星光谱的吸收线中发现了次甲基自由基（CH），并未发现氧和氮。SMSS J0313 的发现意味着第一代恒星的超新星爆炸可能并不如之前想象中的猛烈。

移速最快的恒星是 SDSS J090745.0+024507，它是被发现的恒星中速度最快的，是第一颗被归类为超高速星的恒星，有"流放星"的美誉。它在空间中的时速超过 150 万英里（670 千米每秒），是银河系逃逸速度的两倍；因此银河系的引力不能束缚它，这颗恒星最终将被弹出银河系。

科学家的理论认为它是 8000 万年前接近银河系中心黑洞的联星系统中被抛射出的一颗恒星。这颗恒星的年龄大约是 8000 万岁，并且富含金属（这只是说它含有比氢和氦重的元素），因此是在星系的核心区域内演化形成恒星的，并且就直接离开了银河中心。这颗恒星可能是遭遇到超重质量黑洞才被弹出的。

最 冷 的 恒 星是 WISE J085510.83-071442.5，它 是 一 颗 距 离 地 球 大 约（2.23±0.04）秒差距（（7.27±0.13）光年）的次棕矮星，天文学家在 2014 年 4 月发现了它。它的温度在 226~260 K（–48~–13℃；–55~8 ℉）。

形状最独特的恒星。例如：Thorne-Zytkow 天体。科学家认为，这是中子星旋

转进入红巨星或者超大星内核区域形成的。这种天体是两个大型黄色恒星彼此近轨道运行，表面物质逐渐融合在一起，形成一个类似巨大花生结构的恒星复合体。

离太阳系最近的恒星是比邻星，也就是南门二（半人马座 α），它是三合星的第三颗星或半人马座 α 星 ABC 中的 C。它是离太阳系最近的一颗恒星（4.22 光年）。它是由天文学家因尼斯于 1915 年在南非发现的，当时他担任约翰内斯堡联合天文台的主管。

南门二是颗三合星，4.22 光年的距离，相当于 399233 亿千米。由于比邻星是一颗三合星，它们在相互运转，因此在不同历史时期，"距离最近"这顶世界之最的桂冠将由这三颗星轮流佩戴。但是，相比于三合星到地球的距离，它们相互之间的距离差异可以忽略不计。比邻星位于从地球看来西南方向 2 度的位置，为一颗红矮星。

最圆的恒星是 Kepler 11145123，它是一颗炽热明亮的恒星，体积是太阳的 2 倍，自转速度比太阳慢 3 倍。研究人员通过分析该恒星旋转的状况，吃惊地发现它的赤道半径和极地半径之间的差异仅有 3 千米，误差幅度为 1 千米，相比于它 150 万千米的半径尺度，这意味着它是一颗非常完美的球状天体。相比较而言，太阳自转一周需要 27 天，它的赤道半径比两极半径大 10 千米；地球的这种半径差异则是 21 千米。

夜空中最亮的恒星是天狼星，天狼星一般指天狼星 A，其主系统由一颗蓝白色的蓝矮星和一颗蓝色的白矮星组成，质心距离地球约为 8.6 光年。天狼星的视星等约为 –1.46，使其成为夜空中最亮的恒星，几乎为第二亮的老人星的两倍。然而，它仍然不如月球、金星或木星光亮。水星和火星偶尔也会比天狼星更亮。天狼星几乎能从地球上任何有人的地方观测到，只除了居住于北纬 73° 以北的人无法看到。北半球最亮的星是牧夫座 α 星（大角），亮度 –0.04 等。

天文小贴士：距太阳 15 光年之内的恒星

表 10.2　距太阳 15 光年之内的恒星

序号	星名	所在星座	距离 / 光年	星等	注释
1	比邻星（半人马座 V645）	半人马座	4.2421	11.09	离太阳最近
	半人马座 α A/B	半人马座	4.3650	0.01/1.34	双星

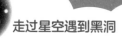

续表

序号	星名	所在星座	距离／光年	星等	注释
2	巴纳德星	蛇夫座	5.9630	9.53	自行最大的恒星
3	Wolf 359	狮子座	7.7825	13.44	红矮星
4	拉兰德 21185	大熊座	8.2905	7.47	红矮星
5	天狼星（大犬座 α）A/B	大犬座	8.5828	−1.43/11.34	密近双星
6	鲁坦 726-8 A（鲸鱼座 BL)/B（鲸鱼座 UV)	鲸鱼座	8.7280	12.54/12.99	最接近地球的聚星系统
7	Ross154 (V1216 Sagittarii)	射手座	9.6813	10.43	变星
8	Ross248(HH ndromedae)	仙女座	10.322	12.29	3.3 万年后离地球最近
9	天苑四，ε Eri	波江座	10.522	3.73	可能存在行星系统
10	Lacaille 9352	宝瓶座	10.7423	7.37	
11	Ross 128（罗斯 128)	室女座	10.919	11.13	
12	EZ Aquarii（鲁坦 789-6) A/B/C	宝瓶座	11.266171	13.33/13.27/14.03	
13	南河三（小犬座 α）A/B	小犬座	11.402	0.38/10.70	
14	(61 Cygni) A/B	天鹅座	11.403	5.21/6.03	目视双星
15	Struve2398 A/Struve 2398 B	天龙座	11.525	8.9/9.69	X 射线双星
16	Groombridge34A /Groombridge 34 B		11.624	8.08/11.06	
17	Epsilon Indi A/Ba/Bb		11.624	4.69/>23/>23	
18	DX Cancri	巨蟹座	11.826	14.78	
19	τ Ceti（天仓五）	鲸鱼座	11.887	3.49	

续表

序号	星名	所在星座	距离 / 光年	星等	注释
20	GJ 1061		11.991	13.09	
21	YZ Ceti	鲸鱼座	12.132	12.02	
22	鲁坦星	小犬座	12.366	9.86	
23	Teegarden's star		12.514	15.14	
24	SCR 1845-6357 A/B	孔雀座	12.571	17.39/?	
25	卡普坦星	绘架座	12.777	8.84	
26	Lacaille 8760		12.870	6.67	
27	Kruger 60 A/B		13.149	9.79/11.41	
28	DEN 1048-3956		13.167	17.39	
29	Ross 614 A/B		13.349	11.15/14.23	
30	Gl 628		13.820	10.07	
31	Van Maanen's Star		14.066	12.38	
32	Gl 1		14.231	8.55	
33	Wolf 424 A/B		14.312	13.18/13.17	
34	TZ Arietis		14.509	12.27	
35	Gl 687		14.793	9.17	
36	LHS 292		14.805	15.60	
37	Gl 674		14.809	9.38	
38	GJ 1245 A/B/C		14.812	13.46/14.01/16.75	

第11章 天文制作课程3
——制作赫罗图

1. 知识导航

宇宙恒星千千万，每一颗都有着不同的颜色，不同的表面温度，不同的星等。如何将它们放到一起进行比较呢？

1911 年至 1913 年，丹麦天文学家赫茨普龙和美国天文学家罗素创制了恒星的光度—温度分布图，即赫罗图（图 11.1）。

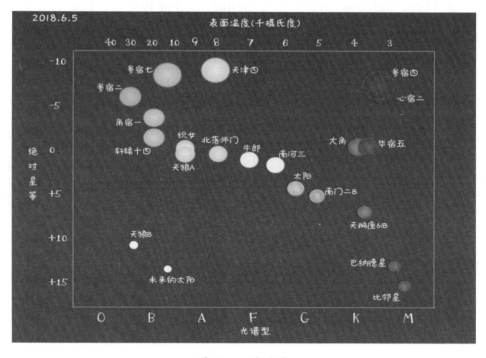

图 11.1 赫罗图

2. 天文工作坊——制作一幅赫罗图

材料：KT 板或卡纸、橡皮泥、彩色气球、彩色笔。

制作步骤如下。

步骤 1：用笔在 KT 板或卡纸上画出赫罗图的纵横坐标。

步骤 2：用不同的彩色笔圈出不同恒星在赫罗图上的大致分布区域。

步骤 3：用不同颜色和大小的橡皮泥制作出体积亮度温度不同的"恒星"（图 11.2）。

步骤 4：给这些"恒星"在赫罗图上找到合适的位置吧（图 11.3）！

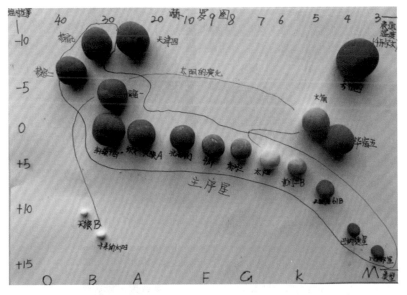

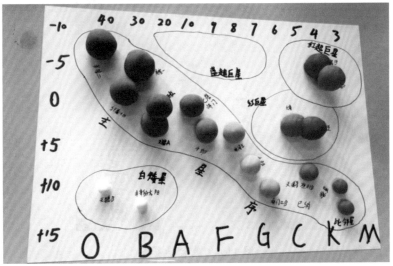

图 11.2　不同大小颜色的恒星

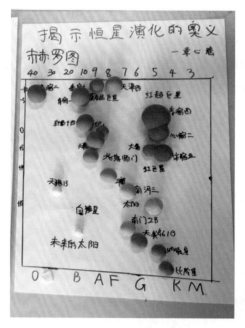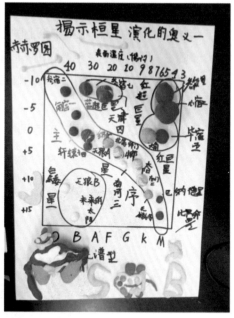

图 11.3 赫罗图

你也可以试试用身边的美食去制作赫罗图噢（图 11.4）！

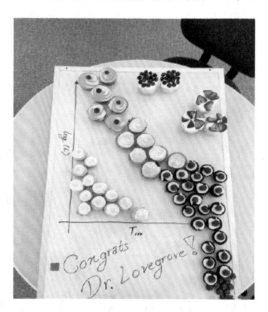

图 11.4 美食赫罗图

3. 天文学进阶——赫罗图

　　赫罗图在天文学中的地位有如元素周期表之于化学。周期表将化学元素按原子量加以排列，揭示了元素之间的新型关系。例如，第一列的元素如锂、钠、钾，都能与水发生剧烈反应，而第八列和最后一列的元素如氦、氖、氩，几乎不同任何物质发生反应。

　　赫罗图对恒星进行了类似周期表对元素做的那种排列，把不同类型的恒星区分开来。赫罗图中的"赫"取自丹麦天文学家埃希纳·赫茨普龙。赫茨普龙的父亲虽然得到过天文学学位，但他自己并不是天文学家，赫茨普龙也从未选修过天文学课程，他 20 岁时丧父，父亲的天文书籍也变卖了，因此，赫茨普龙后来说："没有人想象得到我该成为天文学家。"然而赫茨普龙成了出色的天文学家。他在1905 年和 1907 年发表的论文，将恒星的光度和颜色联系在一起。恒星有着从蓝到白到红的各种颜色。赫茨普龙发现，所有蓝色和白色恒星全是本身亮度大的，橙色和红色恒星则分成两群，一群亮，另一群暗。但赫茨普龙将这个发现报道于一家照相术刊物，所以几乎不为天文学家知晓。1911 年，他用图形来展示光度和颜色之间的关系，建立了现在所称的赫罗图。可惜他的这项工作又发表在一家很不起眼的天文期刊上。

　　在这期间，沙普利的导师、普林斯顿大学的罗素也在研究同一个关系。罗素5 岁时，在父母带领下观看了 1882 年金星凌日现象后，就开始对天文学发生了兴趣。1913 年，已经是美国第一流天文学家的罗素首次画出了他自己的图，他的同事们很快就领悟到这个以他命名的罗素图的重要。当获悉赫茨普龙已经画出了类似图时，天文学家就将它重新命名为赫茨普龙—罗素图，简称赫罗图。

🛸 天文小贴士：为什么世界时间的起算点要在格林尼治？

　　杭州的经纬度是：N30°05'、E120°02'，纬度好说，从赤道那个地球上最大的圆开始算起，可经度呢？ 0 度从哪里算起呀？这个问题，全世界探讨、争持了差不多 2000 年，最终才用一笔交易定下来！

1. 最早的认识

　　所谓测定经度，就是测定某个地方在地球表面东西方向上的位置。我们知道，同一瞬间位于同一纬度不同经度上的地方，有着不同的时间。例如，当北京是晚间 8 点钟时，伦敦却是中午 12 点钟，这种差别启示了人们，只要知道了某地当

地的时间是多少，将它与世界标准时间比较，就可以推算出当地的经度是多少。因此，测定经度的本质就是测定时间。

早在公元前 2 世纪，古希腊人已经认识到，如果在两个不同的地方观测同一事件，并记下发生这一事件的当地时间，那么，通过计算这两地记下的时间差，就可以求得这两地之间的经度差。问题是怎样来确定两地的时间差呢？

古希腊天文学家喜帕恰斯提出，可以用观测月食来解决这一问题。因为无论对地球上的哪一点来说，月亮进入地球的影子区，是严格在同一瞬间发生的，或者说月食是同时开始的，这起着标准时间的作用。只要记下两地观测到的月食开始时刻，也就是两地看到月食开始的地方时，人们就可以求得两地的经度差了。由于月食发生的机会很少，一年中最多不超过两三次。为了不放过任何一次机会，据说喜帕恰斯曾编纂了一本六百年月食一览表，真是精神可嘉。

但是，喜帕恰斯没有具体解释，应该如何来测定每个地方的地方时。在当时说来，能够用来作为计时仪器的是日晷，它是依靠太阳照射的影子来计时的。而当月食发生之时，太阳已落到地平线之下了，日晷计时无从谈起。因此，喜帕恰斯的设想仅只是一种理论上的设想，在当时条件下是不可能实现的。

2. 托勒密的贡献

托勒密算得上是第一个明确提出经纬度理论的人。在《地理学指南》这部巨著中，托勒密谈到了地理位置的确定问题。他提出了一种等间距的坐标网格，用"度"来进行度量。他的理论中，纬度从赤道量起，而经度则从当时所知道的世界最西地点幸运岛算起。这一切已经和今天的经纬度概念很接近了。但由于地球的形状没有确定，所以，在之后的 1000 多年，经度确定的问题，一直没有进展。

3. 航海业的需要

从 13 世纪起，欧洲的航海事业获得蓬勃发展。由于要到达一些距离出发港口十分遥远的陌生地方，用罗盘、铅垂线及对船速的估计，来确定这些陌生地方的地理位置，就很不可靠了，航海家们必须求助于天文方法。当时已经有了航海历，能够比较准确地预报太阳、月亮和诸行星的位置，以及日食、月食等天象发生的较精确的时间。哥伦布就曾利用 1494 年 9 月 14 日的月食，测得了希斯帕尼奥拉港的经度。也有人曾用月掩火星的机会来测定经度。

然而，所有的天文方法都得依靠月食等一类天文现象，而这些天象却是很难见到的。因此，依靠天象来测定经度，一年中也只能进行几次。而在航海中却要

求随时测定船舶位置的经度。正是这种客观需要，把测定经度的理论和实践大大推进了。

4. 新的突破

1514 年，纽伦堡的沃纳在托勒密《地理学指南》一书新译本的译注中，提出了一种确定经度的新原理。他根据月亮相对于背景恒星每小时约东移半度的原理，提出了"月距法"。沃纳认为，可以用一种称为"十字杆"的仪器，进行观测工作。

关键性的突破是在 1530 年取得的。那一年，弗里西斯在他的著作《天文原理》一书中指出，只要带上一只钟，使它从航海开始的地方起一直保持准确的走动，那么，到一个新地方后，只要一方面记下这只钟的时间，另一方面同时用一台仪器测出当地的地方时，这两个时间之差也就是两地的经度差。这就是所谓的"时计法"的原理。

实际上，测定经度的关键也就在这里：一方面需要有一架走得很准的钟，以记录起算点的时间，另一方面必须用天文方法精确地测出当地的地方时。这两点在 16 世纪时都做不到，因此，"时计法"再好也只能停留在理论上。然而，确定海上船舶位置的经度变得更为迫切了，以至于一些有关国家不得不采用悬赏来寻求解决办法。

5. 悬赏征求经度

1567 年，西班牙国王菲利浦二世为解决海上经度测定问题，提出了一笔赏金。1598 年，菲利浦三世为能够"发现经度"的人提供了一笔总数为 9 千块旧金币的赏金，其中 1 千块作为研究工作资助。然而，始终没有人能够有幸领取这笔为数不小的赏金。

差不多同时，荷兰国会为解决经度问题提供了一笔高达 3 万弗洛林的奖金，以当时的兑换比价计，相当于 9 千镑！葡萄牙和威尼斯也提供过数量不等的经度奖，此风盛行一时，直到 18 世纪初，法国议会还在为有关进一步研究经度测定的工作，提供各种单项赏金。

6. 伽利略请奖

应征西班牙经度奖最有名的人物，当数意大利天文学家伽利略。

伽利略用他制作的望远镜，发现了木星的卫星和卫星食现象。卫星食出现的

时刻，对地球上任何地方的人来说几乎是严格相同的，因而就可以利用这一现象来测定两地的经度差，其原理同月食法是一样的。而且木星卫星食的现象，平均每个晚上可以发生 1、2 次，比 1 年只有 1、2 次的月食要常见得多，因此，只要能对木星的卫星食现象作出准确预报，测定经度的问题也就基本解决了。

1616 年，伽利略以这个方法向西班牙申请经度奖，但西班牙人对此不感兴趣。1636 年，他向荷兰进行试探，并声称为了完善他的预报表，已花了整整 24 个年头。荷兰议会被伽利略的方法深深打动，有意要采纳他的建议。但是，双方的磋商十分困难，因为这时伽利略由于宣传哥白尼的日心说已经被软禁在佛罗伦萨郊区的家中，受到宗教裁判所的严密监视。据说，宗教裁判所拒绝让伽利略去接受荷兰政府奖赏给他的金项链。1642 年，伽利略与世长辞，他发现的测经度方法也无法付诸实现。

7. 建立天文台

1657 年，一个新的转折点出现了。著名的荷兰天文学家、物理学家惠更斯发明了摆钟，从而为测定经度提供了高精度的计时仪器。

在这之前，巴黎皇家学院的医生兼数学家莫林，由于考虑了月亮视差的效应，从而对测定经度的月距法作了重大改进。他提议要使他的这一建议付诸实用，应该建立一个天文台（图 11.2）来提供必要的资料。莫林的提议推动了经度测定工作的进展，因为天文台的建立，对解决经度测定问题起了重大的作用。

图 11.2　1676 年 9 月 15 日建成了格林尼治天文台

最早的天文台是 1667 年建立的巴黎天文台。1666 年，法国科学院就成立了，可科学院进行的第一项研究，就给法国国王路易十四带来了很大的不快。当时在巴黎天文台第一任台长卡西尼等人领导之下重新绘制的法国地图，比原来那张不太准确的法国地图的面积缩小了好多。路易十四抱怨他的科学家们说，他们这么一测量使他失去的土地，比法国军队通过打仗所占领的土地还要多。

在英国，天文学家弗兰斯提德成为第一任格林尼治天文台的台长，并于第二天立即开始用台上的大六分仪进行天文观测。

各国天文台的相继建立，为编制高精度的天体位置表铺平了道路。1757 年，船用六分仪问世。这是一种手持的轻便仪器，它可以测量天体的高度角和水平角，将所得结果与天文台编制的星表对照，就可以测定船舶所在地的当地时间，从而最终解决了海上船舶的经度测定问题。此时距离喜帕恰斯的月食法，已经有两千年之久。

8. 各行其是

测定经度的问题是解决了。可是，一个地方的经度值与起算点有关，起算点不同，同一个地方的经度值也不同。

要画出一张世界地图来，首先必须确定本初子午线（经度起算点处的经线）的位置，这样，世界各地的地理位置才能相应确定下来。因此，具有国际性的本初子午线如何确定，必须为世界各国所确认。不然，大家都有自己的本初子午线，肯定会带来很大的混乱和麻烦。

最早，喜帕恰斯用他进行观测的地点爱琴海上的罗德岛，作为经度起算点。而托勒密则用幸运岛（现今的加纳利群岛）为起算点，当时认为这就是世界的西部边缘，对于把地球当作扁平的一块大地的人们说来，这里就是世界的起点。

到中世纪时，各国更是我行我素，通常都各自选择其首都或主要的天文台作为本初子午线通过的地方。而航海家们则又另搞一套，他们通常采用某一航线的出发点作为起算点，因而就有"好望角东 26°32′"这一类的表示法。直到 18 世纪初，大部分海图的原点仍取决于绘制出版这张图的国家所定的原点。在法国，甚至在同一张地图上还会出现多种距离的比例尺，真是混乱不堪。

9. 最初的尝试

由本初子午线不统一所造成的混乱，很早就引起了人们的重视，也屡次有人试图解决这个棘手的问题。

1634 年 4 月，里舍利厄在巴黎召开了一次国际会议，邀请当时欧洲最杰出的数学家和天文学家参加，目的在于确定一条为世界各国所认可的本初子午线。

会议结果选中了托勒密所定的幸运岛，更严格地说来，就是加纳利群岛最西边的耶鲁岛。后人把这个起算点称为"里舍利厄本初子午线"。

实际上，这次会议的召开，有一半原因是出于政治动机。因为本初子午线的划定，实际上是势力范围的重新划分。法国国王路易十三，在 1634 年 7 月的一道命令中就提到："法国军舰不应该攻击任何位于本初子午线以东以及北回归线以北的西班牙和葡萄牙舰只。"意思是说，那个地区是西班牙和葡萄牙的势力范围。

10. 一笔交易

1767 年，根据格林尼治天文台提供的观测数据绘制的英国航海历出版了。这时，英国已取代西班牙和荷兰等国，成为头号海上强国。它出版的航海历自然也广为流传，并为其他国家所仿效。这意味着格林尼治已开始成为许多海图和地图的本初子午线。

1850 年，美国政府决定在航海中，要采用格林尼治子午线作为本初子午线。1853 年，俄国海军大臣宣布，不再使用专门为俄国制订的航海历，而代之以格林尼治为本初子午线的航海历。从 1870 年起，各国的地理学家以及有关学科的科学家们，开始全力为全世界的经度测定寻找一个公认的国际起算点。然而，意见并不是一下子就能取得统一的。创造区时系统的伏莱明提出，对世界各国来说应该有一个公共的本初子午线，但也有人反问道："如果一定需要这样一个公共的原点，那为什么不选取埃及的大金字塔呢？"连科学家也存在争持，何况更加利益相关的各国政府呢。

1883 年，在罗马召开的第七届国际大地测量会议考虑到，当时 90% 的航海家已根据格林尼治来计算经度，因而建议各国政府应采用格林尼治子午线作为本初子午线。会议还提出，当全世界这样做的时候，英国应该将英制改用米制。拿格林尼治作本初子午线，来交换英国改用米制，这应该算是一笔"交易"吧！

11. 投票决定

问题直到 1884 年才得以最后解决。1884 年 10 月 1 日，在美国的发起下在华盛顿召开了国际子午线会议。

10 月 23 日，大会以 22 票赞成，1 票（多米尼加）反对，2 票（法国、巴西）弃权，通过一项决议，向全世界各国政府正式建议，采用经过格林尼治天文台子午仪中心的子午线，作为计算经度起点的本初子午线。

这次大会的决议还详细规定，经度从本初子午线起，向东西两边计算，从 0°
到 180°，向东为正，向西为负。这一建议后来为世界各国所采纳，而且，也正
是今天我们用来计算经度的基本原则。

天文台的原址为零点，现在在那里有一间专门的房间，里面妥善保存着一台
子午仪。它的基座上刻着一条垂直线，那就是本初子午线。许多旅游者都要站在
这间房间的门口摄影留念（图 11.3），日后他们会向人们夸耀道：瞧，我的两只脚
分别站在东西两半球上！

图 11.3　我脚踩东西两个半球

第12章 流星雨 彗星 极光

一颗流星划过天际，一簇流星如雨一般地落下；一颗星星拉出了尾巴，同样的彗星若干年之后又回来了；照片上多彩的极光迷人眼球，去北极看极光表演（图 12.1），那是天文爱好者一生的梦想！这些，都是天文学最漂亮的场景。

图 12.1 流星、彗星、极光

12.1 流星

流星是太阳系中行星际空间的尘粒和固体块（流星体）闯入地球大气圈同大气摩擦燃烧产生的光迹。

流星一词来自希腊语 "meteoron"，意思是 "天空现象"。指的是流星体划过时留下的光带。一旦同地球相撞，流星体变成陨星。

流星体的质量一般很小，比如产生 5 等亮度流星的流星体直径约 0.5 厘米，质量 0.06 毫克。肉眼可见的流星体直径在 0.1 ~ 1 厘米。当地球穿越它们的轨道时，这些颗粒就会进入地球大气层。由于它们与地球相对运动速度很高（12 ~ 72 千米／秒），与大气分子发生剧烈摩擦而燃烧发光，在夜间天空中表现为一条光迹。若它们在大气中未燃烧尽，落到地面后的残骸被称为"陨星"或"陨石"。

流星有单个流星、火流星、流星雨几种。单个流星的出现时间和方向没有什么规律，又叫偶发流星。

在各种流星现象中，最美丽、最壮观的要属流星雨现象。当它出现时，千万颗流星像一条条闪光的丝带，从天空中某一点（辐射点）辐射出来。流星雨以辐射点所在的星座命名，如仙女座流星雨、狮子座流星雨等。历史上出现过许多次著名的流星雨：天琴座流星雨、宝瓶座流星雨、狮子座流星雨、英仙座流星雨……

中国在公元前 687 年就记录到天琴座流星雨，"夜中星陨如雨"，这是世界上最早的关于流星雨的记载。流星雨的出现是有规律的，它们往往在每年大致相同的日子里重复出现，因此它们又被称为"周期性流星雨"。

12.1.1　流星与陨石

未烧尽的流星体降落在地面上，叫作陨石。根据陨石本身所含的化学成分的不同，大致可分为三种类型：

（1）铁陨石，也叫陨铁，它的主要成分是铁和镍；

（2）石铁陨石，也叫陨铁石，这类陨石较少，其中铁镍与硅酸盐大致各占一半；

（3）石陨石，也叫陨石，主要成分是硅酸盐，这类数目最多。

陨石包含着丰富的太阳系天体形成演化的信息，对它们的实验分析将有助于探求太阳系的演化。陨石是由地球上已知的化学元素组成的，在一些陨石中找到了水和多种有机物。这成为"是陨石将生命的种子传播到地球的"这一生命起源假说的一个依据。

通过对陨石中各种元素的同位素含量测定，可以推算出陨石的年龄，从而推算太阳系开始形成的时期。陨石可能是小行星、行星、大的卫星或彗星分裂后产生的碎块，它能携带来这些天体的原始信息。著名的陨石有中国吉林陨石、中国新疆大陨铁、美国巴林杰陨石、澳大利亚默其逊碳质陨石等。

1908 年 6 月 30 日早晨，一个来自太空的巨大物体以极高的速度冲进了地球大气层，在西伯利亚通古斯河流域一个人烟稀少的沼泽深林区爆炸。它发出震耳欲聋的轰响，强大的冲击波掀倒焚烧了方圆 60 千米范围的杉树，巨大的火柱冲天而起，又黑又浓的蘑菇云升腾到 20 多千米的高空，大火一直燃烧了好几天。

在大约 6500 万年前，由于小行星撞击地球，导致了火山喷发和气候变化，最终造成了恐龙灭绝。人们在尤卡坦半岛附近发现了这个巨大的几乎全部在水下的陨石坑（图 12.2），小行星撞击时引起的巨大尘埃云和比平时更剧烈爆发产生的火山灰，严重遮挡了阳光的入射，从而造成地球表面温度急剧下降，很多生物无法适应如此巨大的环境变化而灭绝。

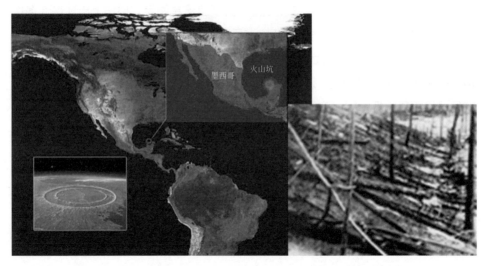

图 12.2　小天体撞击留下的陨石坑和爆炸烧毁的森林

12.1.2　漂亮的流星雨

流星雨形成的根本原因是彗星的破碎。彗星主要由冰和尘埃组成。当彗星逐渐靠近太阳时冰会被汽化，尘埃颗粒像喷泉之水一样从彗星母体喷出。大颗粒仍保留在母彗星的周围形成尘埃彗头；小颗粒则被太阳的辐射压力吹散，形成彗尾。彗尾的残留形成流星体。

这些位于彗星轨道的尘埃颗粒被称为"流星群体"。当流星体颗粒刚从彗星喷出时，它们的分布是比较规范的。由于大行星引力作用，这些颗粒便逐渐散布于整个彗星轨道。在地球穿过流星体群时，各种形式的流星雨就有可能发生了。

每年地球都穿过许多彗星的轨道。如果轨道上存在流星体颗粒，便会发生周期性流星雨。

当每小时出现的流星数超过 1000 颗时，我们称其为"流星暴"。下面介绍几个最著名的流星雨。

狮子座流星雨 在每年的 11 月 14—21 日左右出现。一般来说，流星的数目为每小时 10 ~ 15 颗，但平均每 33 ~ 34 年狮子座流星雨会出现一次高峰期，流星数目可超过每小时数千颗（图 12.3）。这个现象与坦普尔－塔特尔彗星的周期有关。

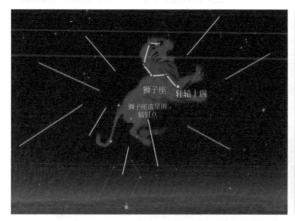

图 12.3　狮子座流星雨的辐射点（左）和出现的火流星痕迹（右）

双子座流星雨 在每年的 12 月 13—14 日左右出现，最高时流量可以达到每小时 120 颗，且流量极大的持续时间比较长。双子座流星雨（图 12.4）源自小行星 1983 TB，该小行星由 IRAS 卫星在 1983 年发现，科学家判断其可能是"燃尽"的彗星遗骸。

英仙座流星雨 每年固定在 7 月 17 日—8 月 24 日这段时间出现，它不但数量多，而且几乎从来没有在夏季星空中缺席过，是最适合非专业流星观测者的流星雨，地位列全年三大周期性流星雨之首。彗星 Swift-Tuttle 是英仙座流星雨之母，1992 年该彗星通过近日点前后，英仙座流星雨大放异彩，流星数目达到每小时 400 颗以上。

猎户座流星雨 有两种，辐射点在参宿四附近的一般在 11 月 20 日左右出现；辐射点在 ν 附近则发生于 10 月 15 日—10 月 30 日，极大日在 10 月 21 日，我

图 12.4　双子座流星雨（左）和英仙座流星雨（右）的辐射点

们常说的猎户座流星雨（图 12.5）是后者，它是由著名的哈雷彗星造成的，哈雷彗星每 76 年就会回到太阳系的核心区，散布在彗星轨道上的碎片，形成了著名的猎户座流星雨。

图 12.5　猎户座流星雨的辐射点和金牛座

金牛座流星雨　在每年的 10 月 25 日—11 月 25 日左右出现，一般 11 月 8 日是其极大日，Encke 彗星轨道上的碎片形成了该流星雨，极大日时平均每小时可观测到五颗流星曳空而过，虽然其流量不大，但由于其周期稳定，所以也是广大天文爱好者热衷的对象之一。

天龙座流星雨　在每年的 10 月 6—10 日左右出现，极大日是 10 月 8 日，该流星雨是全年三大周期性流星雨之一，最高时流量可以达到每小时 120 颗，其极大日一般接近新月，基本上不受月光的影响，为观测者提供了很好的观测条件。Giacobini-Zinner 彗星是天龙座流星雨的本源。

天琴座流星雨　一般出现于每年的 4 月 19—23 日，通常 22 日是极大日。该流星雨是我国最早记录的流星雨。彗星 1861 I 的轨道碎片形成了天琴座流星雨，它也是全年三大周期性流星雨之一。

象限仪座流星雨　每年年初发生。活动期为 1 月 1—5 日，极大一般在 1 月 3 日。极大时的平均天顶流量为每小时 120 颗，经常在 60 ~ 200 颗。流星的速度属于中等，41 千米 / 秒，亮度较高。

象限仪座是一个比较古老的星座，现代星座的划分中则没有这个星座，其位置大致在牧夫座和天龙座之间，赤纬可达 50N 左右。该流星雨的速度中等，流星亮度较高，分辨象限仪群内的流星并不难，它们的颜色多有些发红。

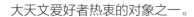 12.2　伟大的彗星

一般的天体都是晶莹可爱的光点，但有时天上也会出现毛发悚然的"怪物"，它那淡淡的银光常常还拖着一条摇曳不定的长尾，这就是古人十分惧怕的彗星。而且，对彗星的恐惧中外皆同。

12.2.1　彗星来自太阳系边缘

1. 彗星的起源

现在广为天文学家所接受的理论认为，太阳系外围存在柯伊伯小行星带（Kuiper Belt）和奥尔特云（Oort cloud）。长周期彗星可能来自奥尔特云而短周期彗星可能来柯伊伯带。

1950 年，荷兰天文学家奥尔特提出在距离太阳 30000 天文单位到 1 光年之间的球壳状地带，有数以亿计的彗星存在，这些彗星是太阳系形成早期时的残留物。有些奥尔特彗星偶尔受到"路过"的天体的影响，或由于彼此间的碰撞，离开了原来的轨道进入太阳系。

2. 彗星的组成和结构

彗星主要由 4 个部分组成。远离太阳的时候，彗星只有一个彗核。接近太阳之后，一般是在火星轨道附近，逐渐产生彗核外面的彗发、氢云和彗尾（图 12.6）。

彗尾分为两种，一种是电离子体彗尾，一般呈蓝色；另一种是尘埃彗尾，一般呈黄色或者红色。到离太阳约 2 天文单位时，开始生出彗尾。随着彗星走近太阳，彗尾变长变亮。彗星过近日点后，随着远离太阳，彗尾逐渐减小到消失。彗

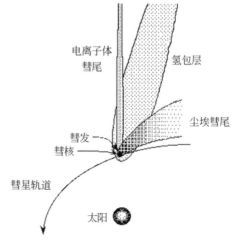

图 12.6　彗星组成示意图

尾最长时达上亿千米，个别彗星（如：1842c 彗星）的彗尾长达 3 亿 2 千万千米，超过太阳到火星的距离。

3. 彗星的轨道和周期

通过多次观测的资料，可以推求出彗星绕太阳公转的 6 个轨道要素：近日距、过近日点时刻、偏心率、轨道面对黄道面的倾角、升交点黄经、近日点与升交点的角距，进而可以推算出彗星的历表，即不同时刻在天球上的视位置（赤经与赤纬）。

彗星的命名办法是国际天文联合会在 1995 年 1 月 1 日开始采用的，在发现时的公元年号加上发现那半个月的大写字母（A=1 月 1—15 日，B=1 月 16—31 日，……Y=12 月 16—31 日，I 除外）。再加上这半个月里面代表发现先后次序的阿拉伯数字。

为了让人们了解每颗彗星的性质，前面还加上前缀。P/ 表示短周期彗星；C/ 表示长周期彗星；D/ 表示丢失的彗星或者不再回归的彗星；A/ 表示可能是一颗小行星；X/ 表示无法算出轨道的彗星。例如，2500 年 1 月 10 日发现一颗彗星，这是一颗长周期彗星，也是该年 1 月上旬发现的第 50 颗彗星，发现者是 Tom，则彗星命名为 C/2500 A50 Tom。

由于有时候刚发现的彗星被误认为小行星，因此有一些彗星带有小行星的编

号，例如 C/2000 WM1 LINEAR 就是这样的例子。

对于短周期彗星，在确认以后还要加上编号，例如 1 号是哈雷彗星，2 号是恩克彗星，等等。如果一颗彗星已经碎裂，那么就要在名字后面加上 –A，–B，以便区分每一个碎核。

12.2.2 历史上的彗星

1. 哈雷彗星

哈雷彗星是第一颗被计算出轨道的彗星。它是英国天文学家哈雷在计算彗星轨道时，发现 1682 年、1607 年和 1531 年出现的彗星有相似的轨道，他判断这三颗彗星其实是同一颗彗星，并预言它将在 1758 年年底或 1759 年年初再次出现。1759 年，这颗彗星果然出现了。虽然哈雷已在此前的 1742 年逝世，但为了纪念他，这颗彗星被命名为"哈雷彗星"。

哈雷彗星的回归周期为 76 年，最近一次的回归是在 1986 年。哈雷彗星的公转轨道是逆向的，与黄道面呈 18 度倾斜。哈雷彗星在众多彗星中几乎是独一无二的，又大又活跃，且轨道明确规律。

图 12.7 为哈雷彗星上上次回归时（1910 年 5 月 13 日）在巴黎上空拍到的照片，右上角为金星。彗星从头到尾横跨 2/3 的天空。

图 12.7 哈雷彗星

2. 海尔 – 波普彗星

海尔 – 波普彗星号称"世纪彗星"。1985 年 7 月 22 日由美国天文学家海尔和天文爱好者波普分别独立发现，回归周期约 2000 年。刚发现时它的亮度仅

10.5 等，据预测它于 1997 年 3 月 31 日过近日点，将成为 20 世纪最亮的彗星，堪称"世纪彗星"。

后来人们实际看到的海尔 – 波普彗星最亮时达到了 –0.8 等，它的突出特点是蓝色的离子彗尾与黄色的尘埃彗尾都异常明显，两者组成了一个 30° 的交角。虽然它不如 1910 年的哈雷彗星和 1965 年的池谷—关彗星那样壮观，但也是自 1976 年威斯特彗星之后最大的彗星，又恰逢新世纪即将来临之际，因此许多人仍愿意称它为"世纪彗星"。

3. 百武彗星

百武彗星是首次探测到有 X 射线发射的彗星。这颗彗星是日本天文爱好者百武裕司在 1996 年 1 月 30 日发现的，5 月 1 日过近日点。刚发现时它位于火星轨道附近，亮度很低，到了 3 月份，它的亮度急剧增加，一直增到 3 等左右，肉眼清晰可见。它的一条长长的蓝色离子彗尾，横跨夜空六七十度，蔚为壮观。更引人注目的是，3 月 26 日至 28 日，美国和德国的天文学家通过"罗赛特"X 射线天文卫星观测百武彗星，发现它有 X 射线发出。

这是人类第一次探测到发射 X 射线的彗星，而且射线强度也是天文学家始料未及的。百武彗星的 X 射线是怎样形成的？是来自彗星内部，还是来自太阳风与彗星物质的猛烈撞击？这一新的发现又给天文学家们增添了新的研究和探索方向。

4. 威斯特彗星

威斯特彗星是 20 世纪出现的一颗漂亮大彗星。1975 年 11 月由丹麦天文学家威斯特首先发现。1976 年 2 月 25 日过近日点以后达到最亮，亮度约 –3 等。它的彗尾又宽又大（图 12.8 左），宛如一只洁白的孔雀在夜空中张开了它那妩媚动人的羽屏。

5. 池谷 – 关彗星

池谷 – 关彗星是典型的掠日彗星。1965 年 9 月 4 日由日本的两位天文爱好者池谷和关勉同时独立发现。它的突出特点是近日距极小，仅 46 万千米。太阳内冕的边界距日面约 200 万千米，所以说它过近日点时要穿过百万度温度的日冕层，真好比是"飞蛾扑火"。1965 年 10 月 2 日，池谷—关彗星过近日点，10 月中下旬，它的亮度达到 –11 等，连白天也能看见，人称"神话般的大彗星"。11

图 12.8 孔雀开屏的威斯特彗星和飞蛾扑火的池谷－关彗星

月 4 日发现它裂为三段，它的回归周期是 880 年。

6. 科胡特克彗星

科胡特克彗星是最令人失望的彗星。捷克天文学家科胡特克 1973 年 3 月 7 日发现它时亮度约 16 等，距离太阳 4.75 天文单位。天文学家预测当它 12 月 28 日经过近日点时亮度可达到 –10 等，会成为 20 世纪最伟大的彗星。然而，它过近日点时却远没有预测中明亮，成为最让人失望的彗星。

7. 池谷－张彗星

池谷－张彗星以发现者日本静冈县的池谷薰和中国的张大庆共同命名，这是中国人第一次独立发现彗星，时间是 2002 年 2 月 1 日。池谷－张彗星位于鲸鱼座，很可能是一颗周期性彗星，有天文学家怀疑它与 1661 年出现的亮彗星是同一颗彗星。

8. 苏梅克利维 9 号彗星

苏梅克利维 9 号彗星是曾经撞击木星的彗星。它以 11 年左右的周期绕太阳运动，当它在 1992 年 7 月 8 日离木星最近时，它的彗核被木星引力拉碎成 21 块，变成绕木星运动的群体。它是 1993 年 3 月 24 日由美国天文学家苏梅克夫妇和加拿大业余天文学家利维在帕洛玛山天文台一起发现的。发现时的亮度为 14 等，已经分裂成很多块，形成了一串"珍珠项链"。1994 年 7 月 17—22 日这颗彗星陆续撞向木星。

📡 12.3 极光

人们知道极光至少已有 2000 年了，它一直是古典神话的主人公。极光的美丽是毋庸置疑的。在中世纪早期，不少人相信，极光是骑马奔驰越过天空的勇士。在北极地区，纽因特人认为，极光是神灵为死去的人照亮归天之路而创造出来的。

极光是来自大气外的高能粒子（电子和质子）撞击高层大气中的原子发生相互作用而产生的。这种相互作用常发生在地球磁极周围区域。作为太阳风的一部分，荷电粒子在到达地球附近时，被地球磁场俘获，并使其朝向磁极下落。它们与氧和氮的原子碰撞，使之激发成为电离态的离子，这些离子发射不同波长的辐射，产生出红、绿或蓝等特征色彩的极光。

地磁场分布在地球的周围，被太阳风包裹着，形成一个棒槌状的腔隙，叫作磁层。可以把磁层看成是一个硕大无比的电视显像管，它将进入高空大气的太阳风粒子流汇聚成束，聚焦到地磁的极区，极区大气就是显像管的荧光屏，极光则是电视屏幕上移动的图像。

这里的电视屏幕是直径为 4000 千米的极区高空大气。通常，地面上的观众，在某个地方只能见到画面的 1/50。在电视显像管中，电子束击中电视屏幕，因为屏上涂有发光物质，会发射出光，显示成图像（图 12.9）。同样，来自空间的电子束，打入极区高空大气时，会激发大气中的分子和原子，导致发光，人们便见到

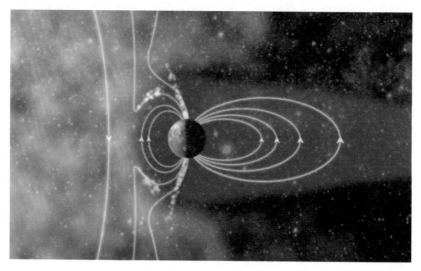

图 12.9　高速高能的太阳离子流冲击地球磁场形成极光

了极光的图像显示。在电视显像管中，是一对电极和一个电磁铁作用于电子束，产生并形成一种活动的图像。在极光发生时，极光的显示和运动则是由于粒子束受到磁层中电场和磁场变化的调制造成的。极光不仅有可见光的图像，而且会发出各个波段的射电辐射，可以用雷达进行探测研究，而且极光还能发出声音。

大多数极光出现在地球上空 90 ～ 130 千米处，但有些极光要高得多。1959 年，一次北极光所测得的高度是 160 千米，宽度超过 4800 千米。

长期观测统计结果显示，极光最经常出现的地方是南北地磁纬度 67 度附近的两个环带状区域内（图 12.10 左上），以南北极为中心 60 度伸延至 75 度左右，分别称为南极光区和北极光区。

在极光区内，差不多每天都会发生极光活动（图 12.10）。在极光区所包围的内部区域，通常称为极盖区，在该区域内，极光出现的机会反而比纬度较低的极光区来得少。在中低纬度地区，尤其是近赤道地区，很少出现极光，但并不是说完全观测不到极光，只不过要数十年才难得遇到一次。1958 年 2 月 10 日夜间的一次特大极光，在热带地区都能见到，而且显示出鲜艳的红色。这类极光往往与特大的太阳耀斑爆发和强烈的地球磁爆有关。

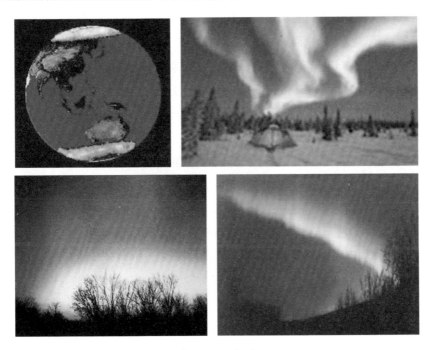

图 12.10　极光

太阳离子的不同，大气成分、分布的不同，都会造成不同类型和颜色的极光。极光按其形态特征分成五种：一是底边整齐微微弯曲的圆弧状极光弧；二是有弯扭折皱的飘带状极光带（或称为带状极光）；三是如云朵一般的片朵状极光片；四是像面纱一样均匀的幕状极光幔；五是沿磁力线方向的放射状极光冕。

极光呈现的颜色主要取决于：入射粒子的能量；大气中的原子和分子在不同高度的分布状况和大气中原子和分子本身的特性。

入射粒子的能量高低决定了粒子能够冲入大气的深度，因此决定了极光产生的高度；而大气成分随高度的变化决定了入射粒子可能会撞击到哪种原子或分子，因此决定了可能发出的极光波长。此外，大气粒子本身的特性也很重要，这些特性直接决定所发出光的颜色。

不同种类的分子在大气中基本上是垂直分布的。接近地表处，大气的组成十分均匀，78% 是氮分子，21% 是氧分子，这样的组成直到高度约 100 千米为止都是如此。在更高之处，来自太阳的高能紫外线会将大气分子分解成原子，不同种类的原子受到重力影响而产生不同的分布，较轻的原子会分布在上层。

高度介于 60 ~ 100 千米的极光，主要的极光应该来自氧和氮分子；100 ~ 200 千米的极光主要由氮分子和氧原子所贡献；在 200 千米以上，极光主要来自氧原子，少部分来自氮分子；在大气的最高层，氢与氦原子也会产生极光，不过这些光十分微弱，肉眼不容易见到。一般来说，当氧原子受电子激发后，便会发出浅绿色光。能量较高的电子激发中性氮分子，发出粉红色或紫红色的光。电离的氮分子则发出紫蓝色的光。你可以猜想一下什么样的高度最可能出现哪种极光。

极光不但美丽，而且在地球大气层中投下的能量，可以与全世界各国发电厂所产生电容量的总和相比。这种能量常常搅乱无线电和雷达的信号。极光所产生的强力电流，也可以集结在长途电话线或影响微波的传播，使电路中的电流局部或完全"损失"，甚至使电力传输线受到严重干扰，从而使某些地区暂时失去电力供应。怎样利用极光所产生的能量为人类造福，是当今科学界的一项重要使命。

对于一般民众来讲，更重要的是如何去欣赏极光！什么时间、什么地点欣赏极光最好呢？

秋季至冬季可以在晴朗的夜空中看到极光。其他季节也有极光出现，但只有在黑暗的夜空才能看到，所以欣赏极光的最佳日期为日照时间短的 9 月至次年 4 月初。

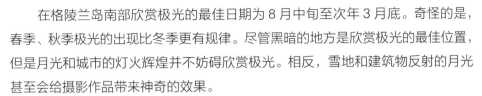

在格陵兰岛南部欣赏极光的最佳日期为 8 月中旬至次年 3 月底。奇怪的是，春季、秋季极光的出现比冬季更有规律。尽管黑暗的地方是欣赏极光的最佳位置，但是月光和城市的灯火辉煌并不妨碍欣赏极光。相反，雪地和建筑物反射的月光甚至会给摄影作品带来神奇的效果。

关于欣赏极光的地点，许多人认为阿拉斯加和加拿大更靠近极区，是比较好的地点。但各方面权衡斯堪的纳维亚应该是最适合欣赏极光的地点，它的最大特点是极光出现在人们的正常活动范围内。位于斯堪的纳维亚半岛的北欧五国：冰岛（Icelangd）、挪威（Norway）、丹麦（Denmark）、瑞典（Sweden）和芬兰（Finland）是最佳的极光观测场所。美国阿拉斯加和俄罗斯也可以考虑。一般来说，北纬 65 度以上的地区为极光区（南极附近陆地较少，不适合作为欣赏极光的地点）。

天气晴朗时，如果该地区温度在零下 15 摄氏度至零下 10 摄氏度，一般都可以欣赏到北极光。在室外很容易看到极光。在居住区，极光在城市灯火的辉照下显得格外美丽。白天，可以游览景点，晚上可以悠闲地等候极光的光临。

天文小贴士：人造地球卫星是怎样上天的

人造地球卫星和载人飞船是航天技术发展的成果。据不完全统计，世界上有 60 多个国家参与了空间活动，飞行过的和正在飞行的各种空间飞行器超过 6000 颗。

在航天系统中，发射场是完成卫星的总装、测试和发射任务的勤务保证；运载火箭是把卫星送入太空并使它具有围绕地球飞行的速度的动力源泉；地面测控网是为了对卫星进行跟踪、监测和控制，它保证了天地之间的联系。一切工作都是围绕航天器进行的，为它能够上天创造一切条件。

这里所说的航天器是一个总称，它包括了人造地球卫星、宇宙飞船、空间站等。卫星直接为人类服务，它的种类包括：通信卫星，气象卫星，侦察卫星，导航卫星，测地卫星，地球资源卫星，截击卫星等。要使卫星上天，需要一系列的保障条件，这是一个极其复杂的大系统工程，主要包括了 3 个方面。

1. 产生动力的系统——运载火箭

卫星必须靠一种动力装置把它送上天并使它达到一定的速度，在满足一定

的条件后才能围绕地球飞行，目前这种动力装置就是火箭。火箭的主要任务就是起到"运"和"载"的作用，因此也被称为"运载火箭"或者"运载工具"（图 12.11）。

图 12.11　火箭发射升空

　　根据使用的燃料火箭分为液体火箭和固体火箭。目前一般采用液体火箭或者是固、液混合的火箭系统，而且是多级运载火箭。火箭不需要大气中的氧气进行助燃，在它的每一级内都有两个携带燃料的大储箱。在储箱内分别装有氧化剂和燃烧剂，利用这两种物质的混合燃烧，产生高温、高速的气体，从发动机的喷管中喷出后产生与火箭的喷流方向相反的推力。

　　这个推力使火箭带着卫星离开发射台，一边升高一边加速。当火箭的第一级工作结束关闭发动机后，自动地与第二级分离并且被抛掉。这时火箭的第二级马上工作，继续升高加速……就这样一级一级地工作，高度越来越高，速度越来越大，最后达到预定的高度和速度时，火箭全部和卫星分离了，卫星开始了自己的航程。

　　火箭的构造是很复杂的，除了燃料、发动机外，还有控制火箭飞行的控制系统，以及监测火箭飞行的测控系统等。

2. 卫星地面发射场

卫星地面发射场是发射卫星的专用场地。在发射场地内有复杂和完备的发射系统、测试厂房和仪器、燃料储存库和加注系统、气象观测系统、发射台和发射塔架、各种光学和无线电的跟踪测轨系统及用于对火箭卫星的飞行情况进行跟踪、轨道测量、接收信号、发送指令等功能的各种雷达和发射指挥控制中心，该中心对全过程的工作进行指挥调度，做出决策。

整个发射场一般分为两部分：一部分称为技术区，另一部分称为发射区。要发射的卫星、火箭首先运到发射场的技术区，在技术区内完成对火箭和卫星的装配、测试和性能的检查。检查合格的火箭卫星再运到发射区，把火箭竖立在发射台上，再把卫星吊装对接在火箭上，然后进行联合测试。测试合格后火箭再加注燃料，一切准备就绪后实施发射任务。

火箭和卫星连在一起后竖立在巨大的发射台上，发射台的旁边有近百米高的发射塔架，围绕着它周身上下有多层可以合拢的工作平台，当工作平台合拢时，把火箭层层环抱起来，形成多层工作平台，供工作人员进行检查操作，发射前平台自动转到背后。

在远离发射台的飞行控制指挥中心，火箭和卫星的每一个数据都传送到这里。操作者按照指挥员的命令进行一步步的检查测试。显示屏幕把整个火箭映射在上面，每一步的工作状态都历历在目，火箭起飞的飞行状况和飞行轨迹也清晰地显示出来。

目前，我国有西昌、酒泉、太原和三亚等几个卫星发射中心。

3. 星罗棋布的测控网

当火箭飞离了发射台，携带卫星开始在空中运行时，要使它们一直处于受控制的状态。这就好像是放风筝一样，火箭、卫星的飞行也是如此，有一条无形的"线"一直牵着它们，分布在全国各地的地面测控系统，就好像风筝线，一直在跟踪和控制着卫星。

又因为卫星在空中不停地围绕地球飞行，它每时每刻处于不同的地点上空，因此地面的测控站不能只设在一点，而是在全国各地，甚至在海上和其他国家都可能布站，即尽量做到大范围和全天候的跟踪测量，这就组成了一个星罗棋布的测控网。

测控站要完成的任务是很多的。一方面当火箭、卫星在天上运行的时候，首先要知道它们是不是按照事先设计的飞行轨道在飞行。如果有误差至少要知道目前的实际轨道是什么样子，这就是轨道跟踪和测量。根据这些数据就可以推算它们在每一个时刻会飞到什么地方，这就是轨道预报。

卫星测控的另一个任务就是遥测。当卫星在天上飞行时，不但要跟踪它，了解它的位置，而且还需要知道它工作的情况是否正常，以便采取相应的措施。火箭和卫星上有许多描述它们工作情况的信息，称为遥测信号。这些信号通过无线电波发射到地面，由地面雷达接收站接收后变换成可进行分析的信息。它很像医生用仪器对病人进行检查，通过取得的数据来确定病情一样。不过，卫星是通过遥远的空间用无线电波进行星地的联系。对于载人的飞船，除了传输仪器设备的工作信息外，还要传送宇航员的工作情况和生理参数等。

航天测控系统由两部分组成，一部分装在火箭和卫星上；另一部分在地面上，也就是地面的测控系统。地面的测控系统主要由测控指挥中心和分布在各地的地面测控站组成。测控站又分为陆基站、海基站和空基站，在这些地面测控站中，配备有各种光学设备、无线电雷达设备、信息接收及发送和处理设备，以及大型电子计算机等。各地面台站接收的卫星信息被送到测控中心，进行处理和决策。

第13章　到底有多少个宇宙

宇宙，是我们所在的世界，"宇"是"上下四方"，"宙"是远古和未来。地球是我们的家园；而地球仅是太阳系的第三颗行星；而太阳又仅仅定居于银河系巨大旋臂的一侧；而银河系，在宇宙所有星系中，也很不起眼……这一切，组成了我们的宇宙。

13.1　地球　太阳　行星

在古代，人类活动的区域非常有限，眼界自然也就十分狭窄。每个地方的人都以为自己居住的地方就是世界的中心，当地的自然环境就是世界的面貌。最早的猜想大都出于每个人直观的感受，这样地球的形状也就以种种稀奇古怪的故事和神话传说来表达了。

1. 地球是平的还是圆的？

"地平说"是对大地形状的最早猜测。古代中国很早就有"天圆地方"的说法（图 13.1）。大地像方形棋盘，被几根大绳索悬挂在天的下方。

后来，人们感到地平说无法解释眼睛看到的一些自然现象，例如地平线下的地方，怎么会隐没不见呢？于是把大地设想为不同程度的拱形：圆形的盾牌、倒扣的盘子、半圆的西瓜等。

考古发现的最早地图（图 13.2），是公元前 2800 多年古巴比伦人用泥土烧制的，残片上除了巴比伦的疆界外，还刻着当时的宇宙模型。倒扣的扁盘形大地被水包围着，半圆的天穹覆盖在水上。

在古希腊人的想象中，大地是由"大洋之河"团团围住的圆地，"汹涌的河水在丰饶的地盾边缘上翻滚""在海洋的边缘上，张起了圆形的天幕似的天穹"。在古希腊地图上，从地中海通向大西洋的直布罗陀海峡处，总画着希腊神话中的巨人安泰，左手举起的警示牌写着："到此止步，勿再前进！"当时的人都很相信，船到大西洋就会随同海水一起跌进无底深渊。在公元前 1 世纪，有个叫作波斯顿尼亚的人，壮着胆特地把船开到西班牙附近的海域，想听听太阳降落入大西洋

图 13.1　天圆地方　　　　图 13.2　古巴比伦人用泥土烧制的地图的残片

时是否有嘶嘶声，他想象，那应该就像是一只烧红的铁球跌进水里时常有的那种响声。

　　古罗马时代盛行"地环说"，那是因为罗马帝国的疆土主要是环绕地中海而展开的（图 13.3）。地中海原是"大地中央的海洋"之意。古罗马人由此认为，大地的四周和中央都是水，陆地的形状就像罗马皇帝腰上系着的那根阔边金环带。罗马帝国的疆土是环绕地中海的，像一条"阔边金环带"。地中海"名副其实"地成了罗马帝国的内海。

图 13.3　罗马帝国的疆土

公元前 6 世纪，古希腊的毕达哥拉斯学派最早提出西方的"地球说"猜测。他们常常结伴登上高山观察日出日没，在曙光和暮色之中，发现进出港的远方航船，船桅和船身不是同时出现或隐没。而且，古希腊人崇尚美学原则，许多学者认为既然地球是宇宙中心，那它的形状一定是宇宙中最完美的立体图形——圆球体。200 年后，大学者亚里士多德从逻辑上更为自洽地论证了大地"地球说"。他注意到月食时大地投射到月亮上的影子是圆的（图 13.4），由此推测大地是球体。

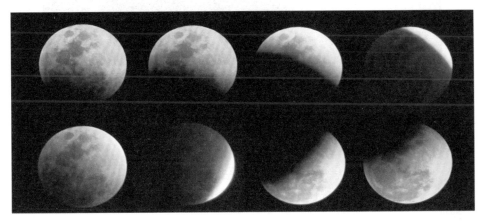

图 13.4　月食的进程

直到 1522 年 9 月 7 日麦哲伦远征队回到西班牙塞维利亚港，麦哲伦船队首次环球航行成功，才最终结束了几千年来关于大地形状的种种争议。西班牙国王奖给凯旋的远航勇士们一个精美的地球仪，上面镌刻着一行意味深长的题词："您首先拥抱了我！"

航海家给了我们一个新的地球。这是人类认识大地形状的第一次飞跃。但问题又来了：地球是个什么样的球体呢？

牛顿指出，地球是个旋转体，两极处受到压缩而赤道处得以扩张，于是地球形状就成了扁球体。同时，他在用望远镜观测中发现土星和木星都是扁球状（图 13.5），他认为地球也不会例外。

巴黎天文台台长卡西尼在做了一次不太精确的测量之后，断言"地球顺着旋转轴伸长"。他说："地球形状并不像橘子，倒很像香瓜。"

这场"英国橘子"和"法国香瓜"的激烈论战从 17 世纪开始，差不多延续了半个多世纪。为裁决争端，法国国王路易十五授权巴黎科学院派出两支远征队，

图 13.5　旋转中的木星和土星

分赴赤道和北极地区，以便在相距甚远的两个地点测量和比较地球子午线上 1°的弧长。最终牛顿获胜。

实际上，地球不仅是稍稍扁平的，而且，它的形状并不规范、均衡，即使是看上去一望无际的大海，也存在着上百米的高度差。此外，地球自转的长期减慢、周期性变化等，都会影响地球的形状。

2. 带给我们一切的太阳

太阳就是日；古代有个叫后羿的人能把它射下来；它其实是个由氢和氦组成的气体球；它很热的，表面有 6000 多摄氏度，内核温度更高；它每隔 11 年就会爆发太阳黑子，还有日珥之类的；它会"吹出"太阳风造成地球上漂亮的极光、还会不定期地爆发耀斑影响我们的生活；另外，它还能活 50 亿年左右。

很早以前，人们就在思索：太阳所发出的巨大能量是从什么地方来的呢？显然，太阳所发生的不可能是一般的燃烧。因为即使太阳完全是由氧和质量最好的煤组成，那也只能维持太阳燃烧 2500 年。而太阳的年龄比这长得多，是以数十亿年来计算的。

19 世纪，有些科学家还认为太阳会发光，是陨星落在太阳上所产生的热量、化学反应、放射性元素的蜕变等引起的，但所有这些都不能解释太阳长期以来所发出的巨大能量。

1938 年，人们发现了原子核反应，终于解开了太阳能源之谜。太阳所发出的惊人的能量，实际上是来自原子核的内部。原来太阳含有极为丰富的氢元素，在太阳中心的高温（1500 万摄氏度）、高压条件下，这些氢原子核互相作用，结合形成氦原子核，同时释放出大量的光和热来。因此，在太阳上所发生的并不是一般人所想象的燃烧过程。太阳内部进行着氢转变为氦的热核反应，是太阳巨大能量的源泉。

太阳直径大约是 1392000 千米，相当于地球直径的 109 倍；质量大约是地球的 330000 倍，约占太阳系总质量的 99.865%。从化学组成来看，太阳质量的大约四分之三是氢，剩下的几乎都是氦，包括氧、碳、氖、铁和其他的重元素质量少于 2%。

太阳是一颗主序星，本身是白色的，但因为其黄绿色光的辐射最为强烈，在地球上透过大气后的太阳呈现黄色，所以称为"黄矮星"（黄是我们看上去的太阳颜色、矮星是说在恒星序列里太阳属于中等偏小的）。

当太阳上的氢消耗得所剩无几之时，它将膨胀成为红巨星。胀出的部分将会吞没水星或许还有金星，即使地球还不至于被火葬，强烈的热辐射也足以使海洋沸腾蒸干，地球上将不复有生命存在。不过，它将发生于 50 亿年之后。

3. 五大行星和金木水火土"五行"

"老师，金星上都是金子吗？水星靠太阳那么近，水星上真的有很多水吗？"实际上，这涉及金木水火土五大行星的命名，这一工作是写《史记》的司马迁做的，基本原理是按照星相学中的"五行（金木水火土）"配"五（大行）星"而来的；而大行星在希腊人眼里被视为"流浪者"，他们的命名都是来自希腊神话。

据壁画记载，早在公元前 27 世纪，古埃及人就已经掌握了精密的观星技术，但他们是否发现了五大行星，则无从考证。

古印度的天文学在观测方面，并不十分发达，没有发现五大行星的记载，他们主要是历法方面的成就。

中国的史书上说，公元前 24 世纪尧时代的天文官员曦和发现了"荧"（火星）。之后，历朝历代的天文官员们相继发现了（按发现的先后顺序排列）木星、金星、土星、水星。

巴比伦的天文学始于公元前 19 世纪，发展极为迅速。他们很快就发现了五颗"游星"，即中国的金木水火土 5 大行星。至于他们对五大行星的称呼，从古巴比伦人发明的"星期"中可略见一斑。据说，公元前 7 至 6 世纪，巴比伦人便有了星期制。他们把一个月分为 4 周，每周有 7 天，即一个星期。古巴比伦人建

造七星坛祭祀星神。七星坛分7层，每层有一个星神，从上到下依此为日、月、火、水、木、金、土7个神。7神每周各主管一天，因此每天祭祀一个神，每天都以一个神来命名：太阳神沙马什主管星期日，称日耀日；月神辛主管星期一，称月耀日；火星神涅尔伽主管星期二，称火耀日；水星神纳布主管星期三，称水耀日；木星神马尔都克主管星期四，称木耀日；金星神伊什塔尔主管星期五，称金耀日；土星神尼努尔达主管星期六，称土耀日。类似于我们国家的"五行"或"七曜"。

古代的天空最明显的就是"七曜"，除去太阳、月亮，另外的"五曜"就是五大行星了。金木水火土的名称，是人们把它们与"五行"相配的结果。水星古名"辰星"，金星古名"太白"，火星古名"荧惑"，木星古名"岁星"，土星古名"镇星"。司马迁《史记·天官书》中记载："天有五星，地有五行。"所以将"五行"分别与这五颗星相配，即为沿用至今的水、金、火、木、土的名字。因为这五大行星在天空中均横向划过，类似于纬线，所以古合称"五纬"。"五纬""五星"也就称作"五曜"。关于"五星"配"五行"，中国古代还有五方说、五材六府三事说、五星说和五种元素说等。

在西方的天空体系里，行星是游荡者，他们都是和天神挂钩的。

水星是古希腊"信使"赫尔墨斯，相当于罗马的墨丘利，天生古怪精灵，行动快速。这是因为水星的公转速度是八大行星中最快的。

金星是除太阳和月亮外天上最耀眼的天体，罗马人对它有"维纳斯"的美称。希腊则是爱与美的化身。

火星是一颗"变（化）星"，时顺时逆、时暗时亮（正1.5至负2.9等），位置也不固定。希腊神话中的战神阿瑞斯是火星的守护星，罗马人叫他"马斯"。他是暴力、残忍、死亡之祸的化身。"一个狂暴的神，天性浮躁邪恶"。火星主杀戮，可能是因为颜色吧（火红的光芒刺目）。

木星是"行星之王"，这颗巨行星亦比天狼星亮。我国古代木星被用来定岁纪年，称"岁星"。象征幸运的木星，在古罗马被视为至尊的朱庇特（希腊宙斯）。

土星有着光彩夺目的光环，可算是太阳系中最美丽的行星了。代表神克洛诺斯在希腊语中是"时间"的意思，也就是时间之神，由于他同时掌管着农耕，所以又被称为农神。

4. 动或不动的恒星天

流传了上千年的托勒密的地心说和"推翻了"地心说"统治"的哥白尼的日

心说两者的"全貌"见图 13.6，只是地球和太阳的位置做了个调换，尤其是那层最高天——恒星天，依然在那里表示着人类追求（宇宙）的极限。

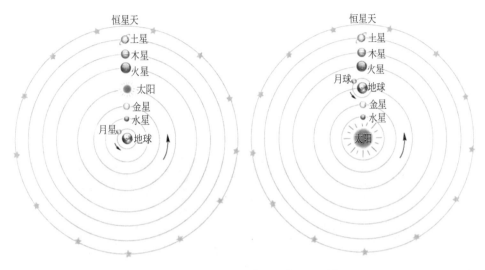

图 13.6　"地心说"和"日心说"

数千年来，人们一直认为星星是"固定不动的"，从《圣经》到公元 150 年左右出版的托勒密所著的《天文学大成》，这些非常有影响力的著作里都提到了这一点。《圣经》里说："上帝就把它们摆列在天上。"而希腊的"科学圣贤"托勒密更是非常坚定地声称星星是不动的。

按照人们的感官世界来说，如果这些天体能够各自移动，那么它们到地球的距离就必定会改变。这将使得这些星星的大小、亮度以及相对间距发生变化。但是却观察不到这样的变化，为什么？因为耐心、因为你观察的不够久！哈雷是第一个指出星星在移动的人。1718 年，他比较了"现代"星星的位置和公元前 2 世纪希腊天文学家喜帕恰斯绘制的星象图，很快发现牧夫座最亮的大角星已经不在以前的位置上了。哈雷相信喜帕恰斯的星象图是准确的，确实是星星在移动！这样的发现，的确是得益于哈雷的勤奋及其天文台长的职位，勤奋让他产生了这样的"奇思妙想"，职位让他能够看到那些时间已经很久很久的资料。不过，如果没有望远镜的帮助，一个人一生的时间也不足以观察到肉眼能够分辨的（恒星）位移！

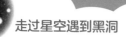
5. 太阳系到银河系

恒星会动，那就是说"地心说"和"日心说"共同的"恒星天"是"天外有天"！不然，那些恒星在哪里运动呀。

18 世纪后期，赫歇耳进行了系统的恒星计数观测，他计数了 117600 颗恒星。在太阳附近的天空进行巡天观测，对不同方向的恒星进行计数，计算不同方向恒星的数密度。1785 年得到了第一幅银河系的整体图。以此得出了一个恒星系统呈扁盘状的结论（图 13.7）。其子约翰·赫歇尔在 19 世纪将恒星计数的工作扩展到南天。20 世纪初，天文学家开始把这个系统称为银河系。

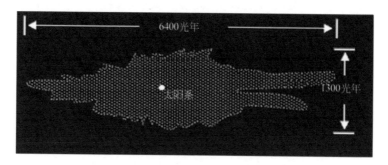

图 13.7 赫歇尔巡天观测绘制的恒星分布图

1918 年，美国的天文学家沙普利提出了太阳不在银河系中心的观测分析结果（图 13.8）。他认为：太阳附近"球状星团（Globular cluster）"的分布，如果太阳是中心，观测结果应该为图 13.8 左图，各方向数量一致；实际的观测结果为图 13.8 右图，它们更密集地分布在射手座方向。到 1920 年在观测发现了银河系自转以后，沙普利的银河系模型得到了天文学家的公认。

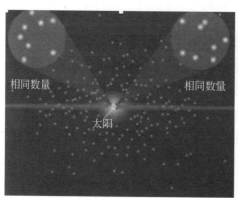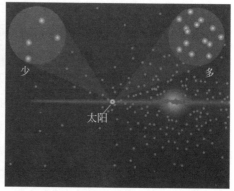

图 13.8 太阳附近"球状星团"的分布情况

1922 年荷兰天文学家 Kapteyn 首次利用照相底片进行了太阳附近不同方向恒星的计数，用统计视差的方法计算了恒星的距离，估计出银河系直径为 50000 光年，厚度为 10000 光年。

6. 从银河系到河外星系

虽然康德在他的《宇宙发展史概论》中以太阳系为中心来论述宇宙的结构和演化，但他在 1755 年的《自然通史和天体论》一书中却明确提出"广大无边的宇宙"之中有"数量无限的世界和星系"的观念。宇宙中无数的恒星系统可形象地比喻成汪洋大海中的岛屿，后来人们把它称为宇宙岛。

天文学中关于宇宙岛是否真的存在的议论，始终是围绕着对星云的观测而展开的。直到哈勃和仙女座大星云的出现。

1924 年，哈勃在仙女座大星云中确认出了造父变星，并利用周光关系定出了仙女座大星云（M31）距离地球约 90 万光年，而本银河系的直径只有约 10 万光年，因此证明了仙女座星云是河外星系。

13.2　宇宙理论都是怎样产生的

观测可以证实我们的感官感受。但是，天文学的观测对象过于遥远，使得我们无法全面、完整地去认识它们。这就需要开发我们的想象力，像爱因斯坦告诉我们的一样，让幻想"起飞"。

这样的"冥思苦想"我们的祖先早就开始了，而且是世世代代一直在进行着，不断地进步、不断地接近真实。

13.2.1　人类宇宙观的演进

西方社会在 16 世纪以前，一直认为地球是宇宙的中心，其宇宙观是以绝对空间为背景的，而对应这种宇宙观的社会学说是宗教。那时的人们关心哪儿是天堂，哪儿是地狱；伽利略、牛顿创建了经典物理学，打破了绝对空间的宇宙观，建立了以绝对时间为背景的宇宙观。而对应这种宇宙观的社会学说是哲学。这时的人们关心什么在先，什么在后；而今天，绝对时间被爱因斯坦、霍金打破了。今天的宇宙观是以绝对光速和不确定性原理为背景的，这样的宇宙存在一个由大爆炸而开始的诞生点，那么，我们所处的宇宙是个什么样子的呢？

（1）**宇宙有生有死。**我们所处的宇宙存在一个由大爆炸而开始的诞生点。最后的终点目前看来是黑洞遍布宇宙。

（2）**宇宙是有所限制的。**可视宇宙、物质宇宙的概念，指的就是我们人类目前能够探测到的宇宙。

（3）**宇宙中的时间和空间是完全相对的。**我们不论往哪个方向看，也不论在任何地方进行观察，宇宙看起来都是大致一样的。也就是说，不存在一个可以用于参考的绝对空间，没有哪一部分空间比另一部分更优越。在宇宙中空间是完全相对的。

（4）**宇宙中绝对恒定的是光速。**不管观察者运动多快，他们应测量到一样的光速。他们所观察到的光速是恒定的。

13.2.2　宇宙学模型（理论）的演化

1. 牛顿的无限宇宙模型

牛顿建立了包括万有引力在内的完整的力学体系。在牛顿力学体系中，当物质分布在有限空间内时是不可能稳定的。因为物质在万有引力作用下将聚集于空间的中心，形成一个巨大的物质球，而宇宙在引力作用下坍缩时是不能保持静止的。因此，牛顿提出宇宙必须是无限的，没有空间边界。宇宙空间是三维立方格子式的、符合欧几里得几何的无限空间，即在上下、前后、左右等各个维度上都可以一直延伸到无限远。牛顿的宇宙空间中，均匀地分布着无限多的天体，相互以万有引力联系。这不仅是牛顿的无限宇宙图景，也为大多数人所接受。但它是不正确的。而且牛顿的无限宇宙模型与牛顿的万有引力定律是相互矛盾的。

2. 爱因斯坦的静态宇宙模型

1916 年爱因斯坦在刚刚建立广义相对论不久，就转向宇宙学的研究。宇宙是可以充分发挥广义相对论作用的唯一的强引力场系统。1917 年他发表了第一篇宇宙学论文，题目是《根据广义相对论对宇宙学所作的考查》，在这篇论文中，爱因斯坦从分析牛顿无限宇宙的内在矛盾及不自洽出发，提出了一个有限无边（界）的静态宇宙模型。

3. 弗瑞德曼膨胀宇宙模型

1922 年和 1927 年苏联数学物理学家弗里德曼和比利时天文学家勒梅特分别独立地找到了爱因斯坦场方程的动态解。动态解表明：宇宙是均匀膨胀或者均匀收缩的。

4. ∧—冷暗物质（cold dark matter，CDM）模型

∧—CDM 模型在大爆炸宇宙学中经常被称作索引模型，这是因为它尝试解释了对宇宙微波背景辐射、宇宙大尺度结构以及宇宙加速膨胀的超新星观测。它是能够对这些现象提供融洽合理解释的最简单模型。

13.3　大爆炸宇宙理论

1927 年勒梅特提出"原初原子"爆炸作为解释宇宙膨胀的物理原因。为了说明宇宙膨胀，勒梅特假定宇宙起源于原初的一次猛烈爆炸。星系并不是由于什么神秘的力量在推动它们分离，而是由于过去的某种物理爆炸被抛开的。但由于缺少足够的物理证明，没有被重视。

1964 年，大爆炸宇宙模型的核合成计算才由泽尔道维奇在苏联、霍伊尔和泰勒在英国、皮伯斯在美国分别独立地进行。根据对现在宇宙中的核粒子密度估计，他们预言早期炽热宇宙会给我们留下一个微波背景辐射遗迹，温度是 5 度。

所有这一切都能在广义相对论——经过检验的可靠的关于引力和时空的理论——和我们关于核相互作用的知识——同样是经过检验和可靠的——框架内得到很好地理解。大爆炸标准模型是一门坚实可靠值得尊敬的科学，但它也留下了一些尚未得出答案的问题。

大爆炸理论告诉我们宇宙起源于 150 亿年前的一次猛烈爆炸。

宇宙的爆炸是空间的膨胀，物质则随空间膨胀，宇宙是没有中心的；随着宇宙膨胀，温度的降低，构成物质的原初元素（D、H、He、Li）相继形成。由于物质的形成，引力的作用，宇宙的膨胀逐渐减慢。随着越来越多的观测证据的发现，大爆炸理论逐渐被人们所接受。

而星系红移、宇宙微波背景辐射和宇宙年龄的测定，无疑成为大爆炸理论有力的观测证据。

1. 星系红移和哈勃定律

哈勃发现了河外星系的退行现象，并通过观测得到了哈勃定律：

$$v = Hr$$

哈勃定律反映了宇宙的膨胀。星系的退行表明它们在过去必定靠得很近，那么它们的起点到底是什么？宇宙是从哪里开始膨胀的？这支持大爆炸宇宙学。

哈勃定律的解释：宇宙在均匀膨胀，但并不意味观测者是宇宙中心，宇宙没有中心。

2. 宇宙微波背景辐射

1964 年彭齐亚斯和威尔逊用天线测量天空无线电噪声时发现在扣除大气吸收和天线本身噪声后，有一个温度为 3.5 度的微波噪声非常显著，是各向同性的。经过 1 年的观测，排除了这一噪声来自大线、地球、太阳系等的可能，认为它是弥漫在天空中的一种辐射，即背景辐射。实际上，这就是天文学家们准备寻找的宇宙大爆炸"残骸"——宇宙微波背景辐射。1978 年两人由于宇宙微波背景辐射的发现获诺贝尔物理学奖。

1989 年宇宙背景探测器（COBE）在 0.5 毫米 ~10 厘米对宇宙背景辐射进行了探测，发现辐射高度各向同性。背景辐射可以用温度为 2.74 度的黑体谱很好地拟合。说明现代宇宙来自于某时刻的物质扩散。支持大爆炸宇宙学。

通过宇宙背景探测器（COBE）的观测，我们发现宇宙微波背景辐射存在偶极不对称的现象。现在知道这种宇宙微波背景辐射的偶极不对称是由于太阳系的空间运动引起的（图 13.9）。太阳运动方向和反方向温度变化 0.1%。蓝：2.724 度；红：2.732 度。

图 13.9 宇宙微波背景辐射

利用太阳运动多普勒效应对微波背景辐射的影响可以测定太阳系的运动。太阳运动方向（温度偏高）和反方向温度变化 0.1%，由此得出的结论是：太阳系群以 370 千米每秒向狮子座方向运动。

扣除背景辐射的偶极不对称和银河系尘埃辐射的影响，微波背景辐射表现出十万分之几的温度变化。这种细微的温度变化表明在宇宙演化早期存在微小的不均匀性，正是这种不均匀性导致了以后宇宙结构的形成和星系的形成。

3. 宇宙年龄的测定

Λ—CDM 模型认为宇宙是从一个非常均一、炽热且高密度的太初态演化而来，至今已经过约 137 亿年的时间。Λ—CDM 模型在理论上已经被认为是一个相当有用的模型，并且它得到了当今像威尔金森微波各向异性探测器（WMAP）这样的高精度天文学观测结果的有力支持。

虽然宇宙可能会有更长的历史，但现在的宇宙学家们仍然习惯用 Λ—CDM 模型中宇宙的膨胀时间，亦即大爆炸后的宇宙来表述宇宙的年龄。

宇宙显然应该具有至少和其所包含的最古老的东西一样长的年龄，因此很多观测能够给出宇宙年龄的下限，例如对最冷的白矮星的温度测量，以及对红矮星离开赫罗图上主序星位置的测量。

美国国家航空航天局的威尔金森微波各向异性探测器计划中所估计的宇宙年龄为（1.373 ± 0.012）× 10^{10} 年。也就是说宇宙的年龄约为 137 亿 3 千万年，不确定度为 1 亿 2 千万年。不过，这个测定年龄的前提依据是威尔金森微波各向异性探测器所基于的宇宙模型是正确的，而根据其他模型测定的宇宙年龄可能会很不相同。例如若假定宇宙存在有相对论性粒子构成的背景辐射，威尔金森微波各向异性探测器中的约束条件的误差范围则有可能会扩大 10 倍。

🪐 天文小贴士：浩瀚宇宙——从太阳系到拉尼亚凯亚

在无垠的宇宙空间中，有一颗人造探测器已经默默地前进了几十年，它就是旅行者一号。

自 1977 年发射升空以来，旅行者一号已经飞行了大约 235 亿千米的距离，是人类迄今为止飞行距离最远的宇宙探测器，曾经有报道称它已经飞出了我们所在的太阳系（图 13.10），但后来说它只是穿越了太阳风顶层。

只有继续飞跃了包裹在太阳系外围的奥尔特星云后，才算真正飞出了太阳系，科学家估算奥尔特星云的半径达到了一光年，而旅行者一号的飞行速度只有每秒 17 千米，哪怕不考虑未来太阳引力的减速作用，旅行者一号最少也要再过 1.9 万年的时间才能飞出太阳系。也许你会感慨太阳系的广阔和人类的渺小，但在浩瀚的宇宙中，太阳系也是一个渺小的存在。

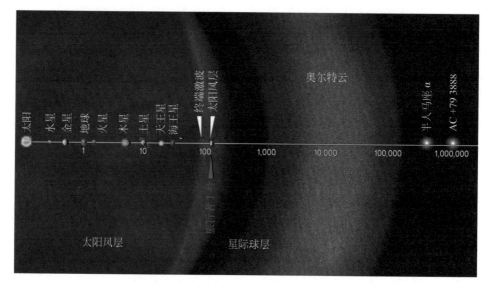

图 13.10　太阳系的边缘距太阳约 1 光年，就是奥尔特云的外界

　　整个银河系的半径达到了 10 万光年，其中包含了近 2000 亿颗恒星，而太阳只是其中普通的一个，太阳系也只是银河系第三悬臂上一个普通的天体系统（图 13.11），银河系之于太阳系，就像太阳系之于地球，只不过等比放大了。

图 13.11　银河系是一个中等大小涡旋星系

　　太阳系围绕着银河系中心进行公转，公转一周的周期为 2.5 亿年。

　　不难发现从地球到太阳系，从太阳系再到银河系，每个不同的结构都有更高

一级的上级。按照这样的逻辑，银河系也会有一个"上级"。

我们可以从哈勃望远镜传回来的图像里，观察上亿光年之外的星云和星系，它们看起来无比美丽，像一幅定格的画，但万有引力定律在宇宙中无处不在，所以实际上这些星云和星系也在运动。

尽管不同星系之间可能有百万光年的距离，但在星系庞大的质量和体积下星系之间仍然能通过自身的引力产生纠缠，假如恰好相撞，它们就会穿过彼此，即便没有相撞，也可能会改变自身的形状。

地球围绕太阳系公转的周期为一年（图 13.12），太阳系围绕银河公转的周期为 2.5 亿年，更庞大的星系运动的时间跨度则更加漫长，同时也更加光怪陆离，星系是宇宙中基本的天体系统，这些星系会继续组成星系群，乃至星系团。

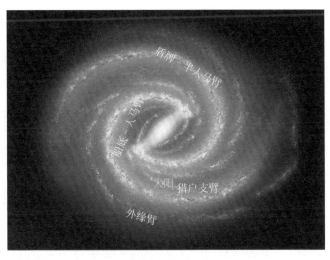

图 13.12　银河系有五大悬臂，我们在其中的猎户臂上

离开银河系，继续向更深的宇宙空间前进，我们会到达本星系群，它由银河系、仙女座星系和三角星系等数十个星系构成，形成了跨度约 1000 万光年的庞大结构（图 13.13），最大的是仙女座星系，其次就是银河系。

这就是终点了吗？

在宏观的角度中，本星系群的上级是一个更大宇宙结构：室女座星系团（图 13.14）。它包括了室女座星系团以及本星系群等至少 100 个星系群，达到了 1.1 亿光年，与之相比，银河系所在的本星系群就有点渺小了。

保守估计，室女座星系团拥有 2000 多个星系，我们在这里看到的每个亮点

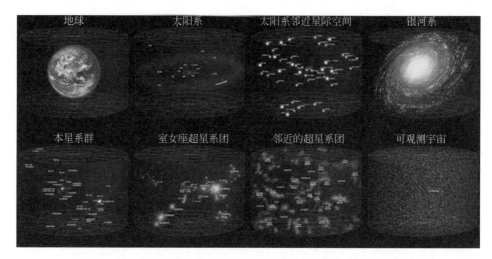

图 13.13　目前人类能"触及"的天体组成了"可观测宇宙"

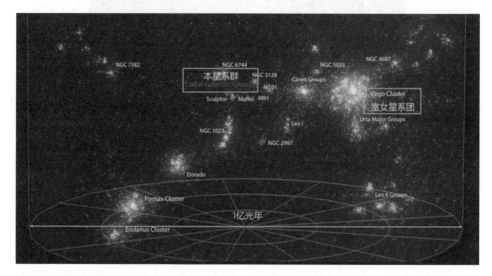

图 13.14　室女座星系团

都是像银河系一样庞大的星系。

在过去的很长时间，科学家一直认为室女座星系团就是银河系所属的最大结构，因为哪怕从目前可观测宇宙的层面来看，室女座星系团的跨度也相当可观了，直到 2014 年前后，美国天文学家布伦特·塔利和法国天文学家海伦·库尔图瓦，发现室女座星系团也只是更加庞大结构中的一部分，他们发现了拉尼亚凯亚超星系团（图 13.15）。

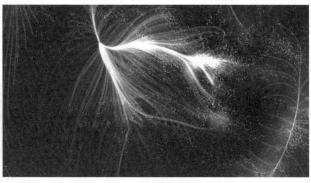

图 13.15　拉尼亚凯亚超星系团

　　拉尼亚凯亚听起来就霸气十足，在夏威夷语中它有广阔的意思，十分贴切这个更宏大的宇宙结构，拉尼亚凯亚超星系团的跨度高达 5.2 亿光年（图 13.15），拥有近 500 个星系群，其中包含了超过 100000 个星系。环绕我们天空的银河系，在这里只是一个小点。

　　假如我们站在宇宙某处，能够拍下拉尼亚凯亚超星系团全貌，那么银河系只是这张照片中的一个像素点（图 13.16），如果说银河系是一个村庄大小，那么拉尼亚凯亚就几乎等同于亚非欧三个板块加起来的大小。

图 13.16　由星系组成的拉尼亚凯亚不只广阔还很优雅

　　不过拉尼亚凯亚超星系团的形状并不规则，它不像常规星系是棒旋的或椭圆的，也不像星系群是零散分布的，它看起来更像是一片树叶（图 13.17），从中间分散出无数的毛细血管，星系正闪耀在这上面。

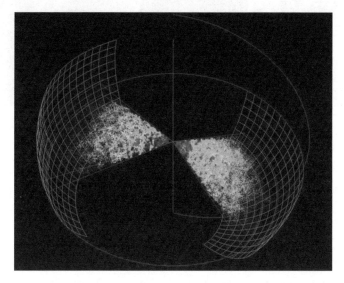

图 13.17　树叶形状

　　其实除拉尼亚凯亚超星系团之外，宇宙中还存在很多大尺度结构，有些甚至超过了它，比如宇宙大尺度丝状结构：史隆长城（图 13.18）。

图 13.18　宇宙结构——史隆长城——中国长城

它由众多星系群构成，在宇宙中的跨度达到了 13.7 亿光年，除惊叹于这些宏观结构的尺寸之外，科学家在研究它们如何诞生及维持自身形态时，还设想了暗物质的存在（图 13.19）。

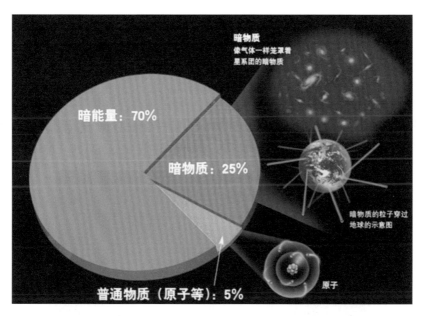

图 13.19　宇宙的成分图表

最新的天文观测证实宇宙在加速膨胀，支撑宇宙加速膨胀的，就只能是暗物质。因为如果只有引力存在，这些庞大的结构早就在运动中散架了，所以科学家认为，在我们周围可能存在着看不到的暗物质，组成了这些宇宙大尺度结构的骨架。

第14章　黑洞，我们看见你啦

说到天文学，有三个话题是少不了的——星座、黑洞、外星人。而黑洞更是以看不见、摸不着、超级恐怖而闻名！这样一个"吞吃"一切的怪物，怎么一下子就变成了早餐桌上的"甜甜圈（图14.1）"了呢？2019年4月10日（不是4月1日）由全球8组射电望远镜组成的"事件视界望远镜项目"（event horizon telescope，EHT）公布了"人类第一张"黑洞的照片。

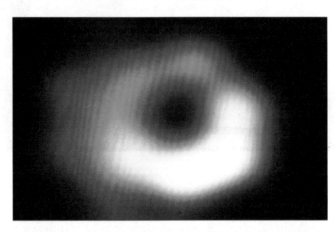

图 14.1　"恐怖"的黑洞瞬间变成了"甜甜圈"

我们知道黑洞是一个强引力场，是一个引力强到连光线都会"弯折"回去或者是"掉进去"的区域。没有光线，那当然是"看不到"。怎么又看到了呢？

14.1　我们是怎么"看见"的

"看见"黑洞。要注意几个关键词：射电望远镜、数据压缩和吸积盘。它们很重要，但是更重要的一个词是"看见"，或者说怎么理解看见。实际上，把看见理解为科学上的探知到、观测到要贴切得多，当然，对于我们人类来说更喜欢"眼见为实"。

黑洞具有强大的引力，本身并没有光子辐射，那么我们怎么能够看得见它呢？确实如此，如果宇宙中只存在一个孤零零的黑洞（区域），我们确实无法用电磁手段观测到它。但黑洞强大的引力可以把周围的等离子体俘获，这些被俘获的物质会围绕着黑洞旋转，形成所谓的"吸积盘"，离黑洞距离的不同旋转速度不同，有速度差的物质之间会产生摩擦，导致吸积盘温度升高，使俘获物质的一部分引力能变为热能辐射出去（图 14.2）。因此，并不是黑洞本身发光，而是黑洞视界外面的吸积盘发光，让我们有机会看到它。

图 14.2 我们能看到吸积盘发光，就是那个"甜甜圈"，它的中间就是"黑洞"区域

黑洞吸积盘的中央会形成一个"喷流"。也就是高速旋转的吸积盘中央的高能粒子喷射。吸积盘把一部分物质的引力能变为热能并辐射出去（图 14.3）。这种喷流都是由 X 射线粒子和 γ 射线粒子组成的高能粒子流，它们可以被射电望远镜接收到。

图 14.3 吸积盘中央会形成高能粒子流（喷流）

科技的进步为我们带来了更大、灵敏度更高的望远镜。这次观测的就是 8 台工作在亚毫米波段的射电天文望远镜（图 14.4），本身就有着强大的探测能力，再加上上万千米基线的叠加干涉，分辨能力更是上了几个台阶。

图 14.4　8 台射电望远镜

数据压缩，也就是 EHT 项目组介绍人所说的"冲洗"。实际上，射电望远镜是可以做得很大，而且基本上可以"全天候"观测，但是，它所利用的波段波长较长，相对于光学望远镜，它所接收的信息量就比较低。而我们的肉眼是看不到无线电波的，所以需要计算机将射电望远镜接收到的射电信息，压缩、成像（转换）为我们能够看到的光学信息，图 14.5 主图是最后的成像，从下面的 3 个小图我们可以看到数据积累的过程。这就是所谓的"冲洗（照片）"。

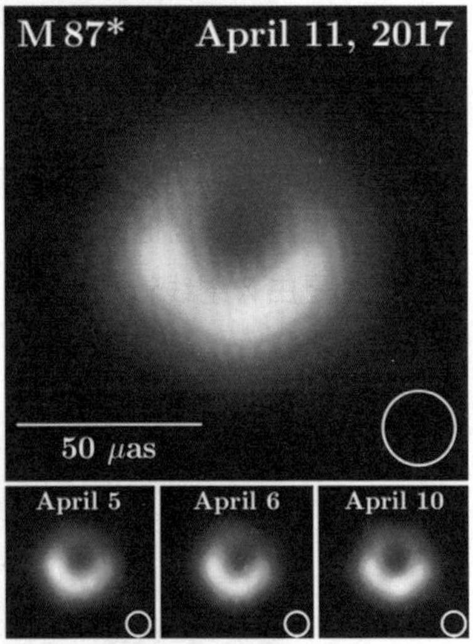

图 14.5　黑洞

14.1.1　主角登场

梅西耶 87（M87）是位于室女座的一个非常典型的椭圆星系，距离我们大约 5500 万光年，100 年前对这个星系进行光学拍照时，就发现了一个非常著名的线状抛出物（图 14.6），经过射电观测对比，现在我们知道这个线状抛出物就是喷流在光学波段的辐射。

图 14.6　从 M87 星系中心的黑洞抛出的物质

如果从射电波段的观测图像去看，喷流将非常突出，图 14.7 展现了不同分辨率情况下的射电图像。由于 M87 是一个超巨椭圆星系，因此其中心超大质量黑洞是近邻星系中最大的黑洞之一。通过星系核心的恒星速度分布发现其黑洞质量约为 62 亿个太阳质量。这次通过视界望远镜，可直接测量黑洞暗影的大小。

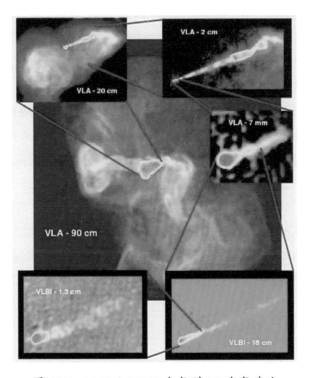

图 14.7　M87 从 20000 光年到 0.2 光年喷流

由于 M87 中的 X 射线和光学波段辐射等吸积盘和喷流辐射都很强。利用哈勃望远镜等不同波段高分辨率望远镜观测了星系核心区域 100 光年以内（约 0.4 角秒，相当于几千个史瓦西半径）的射电、光学甚至 X 射线波段的辐射，并利用喷流模型进行了拟合，发现 M87 各波段辐射均来自喷流。

14.1.2 "视界"望远镜

望远镜能分辨的视角越小，其分辨本领就越高，θ 代表望远镜的分辨角：$\theta \sim \lambda / D$，其中 λ 是接受辐射的波长，D 为望远镜的直径。所谓"视界"望远镜（EHT）就是能够分辨到宇宙中部分黑洞的视界尺度。提高分辨率有两种途径：采取更短的波长和增加望远镜的尺寸。射电望远镜直径可达几百米（如 500 米的 FAST 射电望远镜），但其接收的波长很长，其实分辨率并不高。所以，单个望远镜无法完成探测黑洞的任务。

20 世纪 60 年代，英国剑桥大学卡文迪许实验室利用基线干涉的原理，发明了综合孔径射电望远镜，大大提高了射电望远镜的分辨率，其主要的工作原理就是让放在两个或多个地方的射电望远镜同时接收同一个天体的无线电波，考虑到地球自转以及望远镜位置，电磁波到达不同望远镜存在距离差，可以对不同望远镜接收到的信号进行叠加处理得到增强的信号，此时这台虚拟望远镜的尺寸就相当于各望远镜之间的最大距离，因此这种化整为零的方法大大提高了望远镜的分辨率，这项发明获得 1974 年诺贝尔物理学奖。

目前在从射电到伽马射线不同波段望远镜中，射电干涉阵的分辨率最高，几个著名的射电干涉阵包括**美国甚大阵**（very large array，VLA），是由 27 台 25 米口径的天线组成的射电望远镜阵列（图 14.8 左），位于美国新墨西哥州，海拔 2124 米，是世界上最大的综合孔径射电望远镜；美国甚长基线干涉阵（very long baseline array，VLBA），是由 10 架射电望远镜组成的阵列。每架天线直径都超过 25 米（图 14.8 右），基线的最大长度可达 8611 千米；中国加入的欧洲甚长基线干涉阵（european VLBI network，EVN）以及日本空间射电望远镜 VSOP（日本 HALCA 卫星携带的 8 米射电望远镜）等。上述几个地面射电望远镜阵的等效直径几乎相当于地球直径。

图 14.8 美国的 VLA 天线阵列（左）和组成 VLBI 的望远镜

到 2017 年，全球不同国家有近 10 台亚毫米波望远镜组成了一个相当于地球大小的巨大虚拟望远镜。分布从南极到北极，从美国到欧洲，主要包括南极的 SPT、智利的 ALMA（阵）和 APEX、墨西哥的 LMT、美国亚利桑那的 SMT、美国夏威夷的 JCMT 和 SMA（阵）、西班牙的 PV、格陵兰岛 GLT。这些望远镜工作在更短的毫米到亚毫米波段，结合地球大小的尺寸，因此达到了前所未有的超高分辨率，如在 230GHz（1.3 毫米），分辨率可达 20 微角秒，比哈勃望远镜的分辨率提高了近 2000 倍，这个分辨率几乎接近部分近邻超大质量黑洞视界尺度，可以看清黑洞视界的边缘。在这些望远镜中，位于智利的阿塔卡玛大型毫米波天线（atacama large millimeter array，ALMA）阵列最为重要（图 14.9），其灵敏度最高，耗资近 150 亿美金。

图 14.9 位于智利沙漠的 ALMA 天线阵

到目前为止，两个黑洞视界分辨率最高的天体分别是我们银河系中心黑洞与梅西耶 M87 中心黑洞，这两个巨型黑洞质量分别为 410 万和 62 亿个太阳质量。银河系和 M87 的中心黑洞离地球分别为 2.7 万光年和 5600 万光年，M87 中心黑洞比银心黑洞质量大了近 1500 倍，但距离远了 2000 倍，从而导致这两个黑洞在天空上投影大小几乎相当（这一点非常像月亮和太阳，看上去它们大小也差不多），其黑洞视界角大小分别为 7 和 10 个微角秒，这已经接近"虚拟口径望远镜（图 14.10）"的角分辨率了。

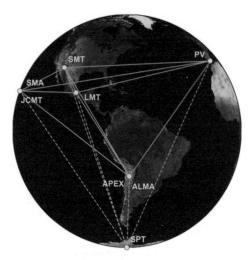

图 14.10　世界上最大的"虚拟口径"射电望远镜

14.1.3　我们能看到什么

天文学家 Bardeen 1973 年就曾指出，如果在黑洞周围有盘状等离子体并产生电磁辐射的话，黑洞看起来就不是纯"黑"的。2000 年，荷兰天文学家 Fackle 等人首次采取广义相对论框架下光线追踪的办法，基于我们银河系中心黑洞基本参数，首次呈现出黑洞可能的模样。如图 14.11 所示，黑洞周围有一个不对称的光环，中心比较暗的区域就是黑洞的"暗影"。

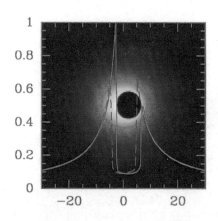

图 14.11　银河系中心黑洞

通过广义相对论计算发现光环几乎呈圆形，圆环直径大约为 10 倍引力半径（由于光线弯曲等效应，圆环大小并不等于黑洞视界大小）。由于多普勒效应，旋转等离子体的速度如果朝向我们，则辐射变亮，如果远离我们，则变暗，因此我们会看到不对称的圆环。当时 Fackle 就预期在未来几年，我们人类就可以看到黑洞的阴影。

　　《星际穿越》号称是人类历史上最烧脑的电影，是导演诺兰的首部太空题材电影，他邀请了天体物理学家索恩给出了非常专业的指导，很多场景都经过了严格的科学计算。宣传片中那个黑洞图片在很多人的脑海中都留下了深刻印象（图 14.12），这个图像就是假设冈都亚都这个巨型黑洞周围存在一个薄吸积盘，它的厚度相对于黑洞的大小而言可以忽略不计（也叫薄盘），其中的黑洞为一亿个太阳质量。电影中的图像，可不是艺术家的画作，而是利用大型计算机在广义相对论框架下精确计算的结果，因此这个电影首次把一个黑洞和吸积盘的影像呈现出来，图 14.13 中黑洞上方和下方图像是黑洞后面吸积盘光线弯曲之后被我们看到的图像。这个图像就是黑洞"视界"望远镜希望看到的样子。图中颜色代表不同的温度。

图 14.12　《星际穿越》中天体物理学家为我们演示的黑洞

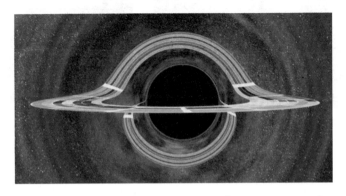

图 14.13　黑洞并不是完全黑，温度高的地方呈现彩色

当然需要指出，《星际穿越》计算中采取了最标准的吸积盘，这样的黑洞在近邻宇宙中还没有适合观测的。即使有，我们也不能通过目前的"视界"望远镜观测到它，因为标准薄盘的辐射主要集中在光学波段，而视界望远镜观测波段在亚毫米波段。因此，《星际穿越》中的这个黑洞，在相当长的时间里，我们是无法观测到的，除非光学望远镜干涉技术得到跨越式发展。

这次照片拍摄，"视界"望远镜选择了两个黑洞候选体：银河系中心黑洞和M87中心黑洞，它们的观测窗口非常短暂，每年只有十天左右，其间还要天气条件适宜。2017年观测窗口期为4月5—14日，其间分别对银河系中心黑洞和M87黑洞做了2次和5次观测，还有部分日期因为雷电和大风等原因无法观测。参与观测的有8架亚毫米波望远镜（分辨率达到了20微角秒）。在观测成功以后，由于甚长基线干涉阵数据处理相对较为复杂，而且涉及站点很多，每晚的数据量达2PB（1PB=1000TB=1000000GB），这和欧洲大型对撞机一年产生的数据差不多。为了保证准确性，观测数据用三种完全独立的流程以及多个独立小组进行处理，以保证结果的准确性。真是拍照不易，洗照片更难。图14.14就是利用三种完全独立的数据处理方法得到的2017年4月11日观测的图像（分辨率约为20个微角秒），其中不同温度等效于不同的辐射强度。

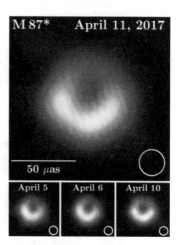

图 14.14 "视界"望远镜对外公布的照片及其"冲洗（数据压缩）"过程

我们可以发现每张照片均呈圆环状且中心存在阴影区域（亮环大小约为40个微角秒），这个阴影区域就是前面所说"黑洞阴影"，该亮环大小与理论计算结果十分吻合（对60亿个太阳质量黑洞对应圆环大小约为38微角秒）。

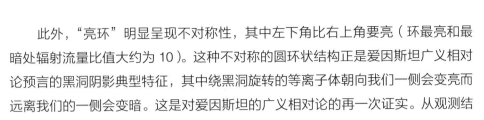

此外，"亮环"明显呈现不对称性，其中左下角比右上角要亮（环最亮和最暗处辐射流量比值大约为 10 ）。这种不对称的圆环状结构正是爱因斯坦广义相对论预言的黑洞阴影典型特征，其中绕黑洞旋转的等离子体朝向我们一侧会变亮而远离我们的一侧会变暗。这是对爱因斯坦的广义相对论的再一次证实。从观测结果说明：

（1）"视界"望远镜看到的中间暗影就是对应的黑洞视界范围，也就是说人类第一次看到了黑洞图像或者说证实了黑洞的真实存在；

（2）圆环状结构说明其亚毫米波辐射主要来自于黑洞周围的吸积盘，而非喷流；

（3）通过黑洞阴影和圆环大小计算出黑洞质量约为 65 亿个太阳质量，支持通过恒星动力学计算出的黑洞质量。

百年谜团，终于揭晓，人类对黑洞研究将迈入一个新的阶段。可以说"人类首张黑洞照片"是在 2016 年发现引力波之后人们寻找到了爱因斯坦广义相对论最后一块缺失的拼图。

14.2 各种各样的"妖怪"

"黑洞"可以说是 20 世纪最具神奇色彩的科学术语之一，其"形象"还多少带有点恐怖意味，谈到"黑洞"的字眼就使人联想到它犹如一头猛兽，具有强大的势力范围，只要周围物体一旦进入其势力范围就会被其吞噬掉。这一次 EHT 项目组给出了黑洞"甜甜圈"的照片，使得黑洞看上去变得有点"可爱"了。

14.2.1 "黑洞"，好酷的名字

黑洞最初仅仅是一种理论推理演绎的数学模型，但是随着科学的发展，在宇宙中逐步得到了证实，人们逐渐认识到了黑洞的存在。有关"黑洞"的概念，是法国科学家拉普拉斯在 1796 年根据"星球表面逃逸速度"的概念说过的一段话：

天空中存在着黑暗的天体，像恒星那样大，或许也像恒星那样多。一个具有与地球同样的密度而直径为太阳 250 倍的明亮星球，它发射的光将被它自身的引力拉住而不能被我们接收。正是由于这个道理，宇宙中最明亮的天体很可能却是看不见的。

实际上，比拉普拉斯更早提出类似概念的是英国科学家米切尔，他在一篇于1783年的英国皇家学会会议上宣读并随后发表在《哲学学报》的论文中写道：

如果一个星球的密度与太阳相同而半径为太阳的500倍，那么一个从很高处朝该星球下落的物体到达星球表面时的速度将超过光速。所以，假定光也像其他物体一样被与惯性力成正比的力所吸引，所有从这个星球发射的光将被星球自身的引力拉回来。

所以现在一般的文献都认为经典的"黑洞"概念源于1783年，那是按照牛顿力学定理推导出的一种极限模型。由牛顿理论可知：物体能脱离地球引力作用的速度是第二宇宙速度。由该速度公式可知，当物体的质量相对其半径足够大的时候，就会导致其速度接近光的传播速度，从而任何物体都会被吸引、不能逃逸，连光也不可能。

但是，在那个时代，没有人会相信有什么恒星的质量会如此大而体积却又如此小。这种设想中的星体密度是水的亿亿万倍！而这个是几乎无法想象的（当时的任何物理理论和试验都无法预测或是证实）。因而黑洞的构想在被提出后不久，就被埋没在科学文献的故纸堆中。

直到20世纪初，爱因斯坦的广义相对论预言，一定质量的天体，将对其周围的空间产生影响而使他们"弯曲"。弯曲的空间会迫使其附近的光线发生偏转。例如太阳就会使经过其边缘的遥远星体光线发生1.75弧秒的偏转。由于太阳的光太强，人们无法观看太阳附近的情景。而1919年，一个英国日全食考察队终于观测到太阳附近的引力偏转现象。

爱因斯坦创立广义相对论之后第二年（1916年），德国天文学家史瓦西通过计算得到了爱因斯坦引力场方程的一个真空解，这个解表明，如果将大量物质集中于空间一点，其周围会产生奇异的现象，即在质点周围存在一个界面——"视界"，一旦进入这个界面（图14.15），即使光也无法逃脱。这种"不可思议的天体"被美国物理学家惠勒命名为"黑洞"。

史瓦西从"爱因斯坦引力方程"求得了类似拉普拉斯预言的结果，即一个天体的半径如果小于"史瓦西半径"，那么光线也无法逃脱它的引力。这个史瓦西半径的范围可以简化成 $r=2M$。

史瓦西半径不是别的，正是按照牛顿引力计算表面逃逸速度达到光速的星体尺度。上述关于引力源的半径小于史瓦西半径时会产生奇异黑洞的说法，在很长

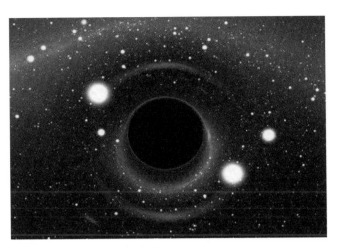

图 14.15 黑洞"视界"界面

一段时间里都曾经被认为是广义相对论的一个缺陷，于是黑洞研究的进展被阻碍了。直到 20 世纪 50 年代，理论家们才对史瓦西半径上的奇异性的解释获得共识。史瓦西自己也并不知道，正是他为米切尔和拉普拉斯那已被遗忘的关于黑洞的猜测打开了正确的理论通道。

按照这些后来被发展的理论，当保持太阳的质量不变，而将其压缩成半径 3 千米的球体时，它将变成一个黑洞；要想让地球也成为一个黑洞，就必须把它的半径压缩到不到 1 厘米！这从人们日常的经验来看，是不可想象的。然而，这种威力无比的"压缩机"在自然界的确存在，这就是天体的"自身引力"。

天体一般存在"自身的向内引力"和"向外的辐射压力"。如果压力大于引力，天体就膨胀（爆炸）；引力大于压力，天体就收缩（坍缩）；如果二力相等，天体就处于平衡状态。对恒星而言，若其原来的质量大于 25 个太阳，则其引力坍缩（图 14.16）的结局最终就形成黑洞。自然界中不但存在形成黑洞的巨大压力，而且任何大质量的天体最终都逃脱不了这种坍缩的结局。

1939 年，奥本海默（原子弹之父）研究了中子星的特性后指出，如果中子星的质量超过 3.2 倍太阳的质量，中子就无法与自身引力相抗衡，从而发生中子塌陷。这时没有任何力量能够抵挡住引力的作用，经过引力作用后的星核会形成一个奇异点，也就是奇点，那是一个没有体积只有超高质量、超高密度的点。

就像拉普拉斯推测的那样，这样的超中子星不会向外发光。它被描述成一个

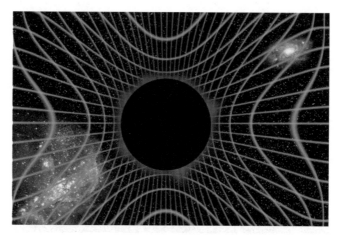

图 14.16　引力坍缩时形成黑洞

无限深的洞，任何落在它上面的物体都会被它吞没而不可能再出来，即使是光也不能逃出来。

14.2.2　黑洞有什么"表现"

有关黑洞的描述、模型的确立和在宇宙中寻找黑洞，目前来说都是比较错综复杂的。简单来说，黑洞是一个质量相当大、密度相当大的天体，它是在恒星的核能耗完后发生引力坍缩而形成的结果。由于光线无法"逃逸"，所以黑洞不会发光，不能用光学天文望远镜看到，但天文学家可通过观察黑洞周围物质被吸引时的情况，找到黑洞的位置，发现和研究它。对于一般的天文爱好者而言，认识和了解黑洞可以帮助我们认识宇宙物质的多样性、满足我们的好奇心，同时也可以激发我们探索未知世界的热情。

对于目前我们研究的黑洞，基本上是根据其质量的大小而分类的。3 ~ 20个太阳质量为恒星级黑洞；6 ~ 80 个太阳质量是活跃度极强的黑洞；而质量达到百万、甚至上百亿太阳质量的，就是超大质量黑洞了，也称为星系级黑洞；质量在 100 ~ 1000 太阳质量的黑洞，称为中等质量黑洞，目前这样的黑洞发现的数量极少，所以，该范围也被称为"黑洞沙漠"。

1. 恒星级黑洞

X 射线双星是由一颗辐射 X 射线的致密天体和一颗普通的恒星组成的双星系统，其中致密天体可能是黑洞、中子星或者白矮星。当致密天体为黑洞时，我们就称之为黑洞 X 射线双星（图 14.17）。那么我们怎么才能知道其中的致密天体是黑洞呢？在 X 射线双星中，中心致密天体通过"星风"吸积伴星的物质，形成吸积盘。对于恒星级质量的黑洞或中子星来说，吸积盘内区的温度非常高，辐射主要在 X 射线波段，因此我们更容易从 X 射线波段发现它们，对于爆发类天体，射电观测等或许能提前知道爆发信息。

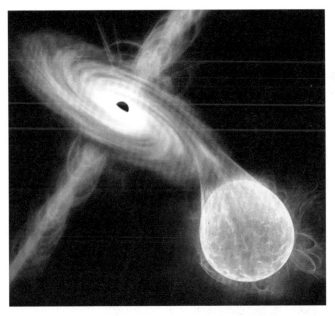

图 14.17　天鹅座 X-1 星，是在 20 世纪 60 年代最早被人类认证的恒星级黑洞

对于两个天体组成的绕转系统来说，如果轨道角度合适，则有可能看到交食现象，这样可以测到周期性变化。即使没有看到交食现象，由于绕转，作为伴星的恒星谱线会呈现出其特有的特征，也可以得到绕转周期。通过恒星颜色，现在可以很好地确定其伴星的质量。如果合理确定双星轨道倾角，那么就可以计算出中心致密天体的质量。在 20 世纪 60 年代，通过 X 射线观测，发现天鹅座 X-1 是一个非常强烈的 X 射线源，其伴星为一颗超巨星，质量约为 20 个太阳质量，其轨道周期约为 5.6 天，测得的速度约为 70 千米 / 秒，计算发现这个 X 射线源的最小质量也应该是 5~10 个太阳质量，这远远超过了白矮星或中子星的质量上限，因此它很有可能就是"黑洞"，当时，这个源被认为是第一个黑洞候选体，在 1972 年被证实。到目前为止，在银河系内已经发现几十颗黑洞 X 射线双星候选体，其

质量为 5 ~ 20 个太阳质量，当然还有更多的黑洞还未被发现。

2. 黑洞舞者（6 ~ 80 个太阳质量的双黑洞）

2016 年 2 月 11 日，美国激光干涉引力波天文台（LIGO）宣布人类首次发现引力波，证实了爱因斯坦百年前的预言。到目前为止，已经探测到了 10 次双黑洞合并（图 14.18）产生的引力波信号，并且发现了一例双中子星合并事件。双黑洞质量范围为 6 ~ 40 个太阳质量，合并后形成的黑洞质量在 10 ~ 80 个太阳质量，这大大突破了以前通过 X 射线双星确定的黑洞质量。

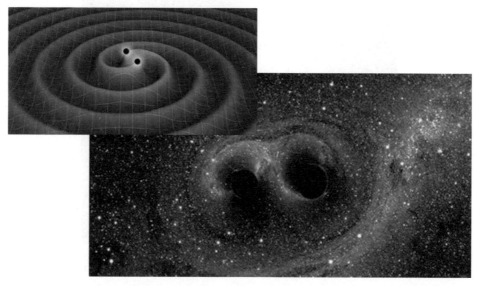

图 14.18　双黑洞合并图像，左上角为模拟双黑洞周边的引力波

3. 巨型黑洞

类星体是 20 世纪 60 年代天文四大发现之一（另外三个分别为脉冲星、微波背景辐射和星际有机分子）。类星体是一种星系，但看上去非常致密，像恒星，因此得名类星体。这类天体红移很高，目前最高约为 7（就是它远离我们的速度达到了 0.7 倍的光速），距离地球可以达到 100 亿光年以上，单位时间发出的能量远远高于普通星系的光度。这么小的体积，能持续发出这么强的辐射，这种辐射不可能来自于像普通星系那样的恒星发光，因此这类天体的能源机制一直令天文学家感到困惑。后来，人们开始慢慢认识到这种星系中心可能存在一个巨型黑洞，围绕黑洞有一个高速旋转的吸积盘，吸积盘把一部分物质的引力能变为热能

并辐射出去（图 14.19）。

　　除了类星体外，人们也慢慢认识到可能所有的星系中心都存在一个巨型黑洞，且发现黑洞质量和星系核球之间存在非常紧密的关系。因此，从星系演化的角度来说，可能不仅仅是星系造就了其中心的巨型黑洞，中心黑洞也严重影响了整个星系甚至宇宙的演化，否则很难解释星系核球与黑洞质量之间紧密的关系。我们银河系中心就存在一个巨型黑洞，欧洲天文学家贾斯等人利用该黑洞周围数十颗恒星动力学测量，测得这个黑洞质量为 400 万个太阳质量。图 14.20 为黑洞周边，没有"掉进"黑洞的恒星，会得到黑洞的加速，由此现象我们可以判定黑洞的存在。

图 14.19　黑洞、吸积盘、喷流

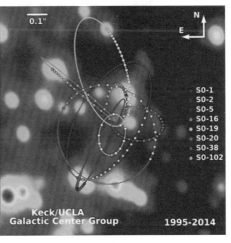

图 14.20　黑洞周边恒星加速

4. 中等质量黑洞——黑洞沙漠？

　　相比于比较公认的超大质量黑洞和恒星级黑洞，中等质量黑洞存在的证据初露端倪，但大家认可度还不高。初步候选体包括：（1）矮星系中心黑洞，由于黑洞质量和星系核球质量存在较好的相关性，因此中小星系中可能会发现中等质量黑洞，这类矮星系可能没有经历主要合并过程，因此没有长大；（2）极亮或超亮 X 射线源，这类源一般位于星系"非"中心位置，光度可以超过或远超过恒星级黑洞的光度。

　　星系 ESO 243-49 边缘的 HLX-1 是个特殊的极亮 X 射线源（图 14.21），大约每 400 天爆发一次，从 X 射线部分黑体谱及吸积盘不稳定性等方式限定都表明其中心黑洞质量可能为 1 万个太阳质量。因此，该源是中等质量黑洞最好的候选体之一。球状星团中也是中等质量黑洞存在的热门候选天体，目前已经利用多种方法搜寻，但结果都还有相当的不确定性。相比而言，中等质量黑洞似乎还是一个沙漠地带。寻找中等质量黑洞，对理解黑洞形成和演化将起到至关重要的作用。期望不久的将来，随着高灵敏度、大视场的望远镜的建成或空间引力波计划的启动，中等质量黑洞的沙漠能变成绿洲。

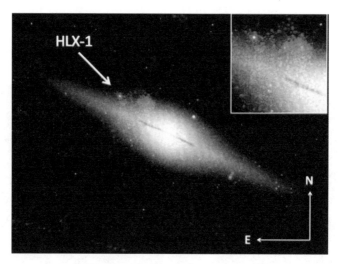

图 14.21　通常位于星系边缘的中等质量黑洞

14.3　广义相对论的七大预言

显然，爱因斯坦的广义相对论"复活"和"拯救"了黑洞。1907 年，爱因斯坦的长篇文章《关于相对性原理和由此得出的结论》，第一次抛出了"等效原理"，广义相对论的画卷徐徐展开。1915 年 11 月，爱因斯坦提出了天书一般的引力场方程，广义相对论诞生了。1916 年，爱因斯坦完成了长篇论文《广义相对论的基础》。

爱因斯坦的广义相对论认为，只要有非零质量的物质存在，空间和时间就会发生弯曲，形成一个向外无限延伸的"场"，物体包括光就在这弯曲的时空中沿短程线运动，其效果表现为引力。

广义相对论提出后毫无悬念地遇到了推广的困难，因为对于我们这种生活在低速运动和弱引力场的地球人来说，它太难懂了，太离奇了。但是逐渐地，人们在宇宙这个广袤的实验室中寻找到了答案，发现了相对论实在是太神奇、太精彩了。这是因为根据广义相对论所做的七大预言，都一一兑现了！

1. 光线弯曲

几乎所有人在中学里都学过光是沿直线传播的，但爱因斯坦告诉你这是不对的。光只不过是沿着时空传播，然而只要有质量，就会有时空弯曲，光线就不是直的而是弯的。质量越大，弯曲越大，光线的偏转角度越大。太阳附近存在时空弯曲，背景恒星的光传递到地球的途中如果途经太阳附近就会发生偏转。爱因斯坦预测光线偏转角度是 1.75″，而牛顿万有引力计算的偏转角度为 0.87″。要拍摄到太阳附近的恒星，必须等待日全食的时候才可以。机会终于来了，1919 年 5 月 29 日有一次条件极好的日全食，英国爱丁顿领导的考察队分赴非洲几内亚湾的普林西比和南美洲巴西的索布拉进行观测，结果两个地方三套设备观测到的结果分别是 1.61″±0.30″、1.98″±0.12″ 和 1.55″±0.34″，与广义相对论的预测完全吻合。这是对广义相对论的最早证实。70 多年以后"哈勃"望远镜升空，拍摄到"引力透镜"的现象（图 14.22），现如今"引力弯曲"，几乎是路人皆知了。

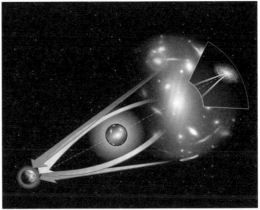

图 14.22　光线弯曲和引力透镜

2. 水星近日点进动

一直以来，人们观察到水星的轨道总是在发生漂移，其近日点在沿着轨

道发生 5600.73″/ 百年的"进动"现象（图 14.23）。而根据牛顿万有引力计算，这个值为 5557.62″/ 百年，相差 43.11″/ 百年。虽然这是一个极小的误差，但是天体运动是严谨的，确实存在的误差不能视而不见。很多科学家纷纷猜测在水星轨道内侧更靠近太阳的地方还存在着一颗行星影响着水星轨道，甚至已经有人给它起名为"火神星"，不过始终未能找到这颗行星。1916 年，爱因斯坦在论文中宣称用广义相对论计算得到这个偏差为 42.98″/ 百年，几乎完美地

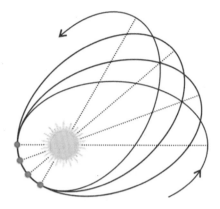

图 14.23　太阳的强引力造成水星产生"进动"

解释了水星近日点进动现象。爱因斯坦本人说，当他计算出这个结果时，简直兴奋得睡不着觉，这是他本人最为得意的成果。

3. 引力钟慢

同样还是时空弯曲的结果。前文讲到的都是空间上的影响，不论光还是水星都是在太阳附近弯曲的时空中运动。既然被弯曲的是时空，自然要讲时间的变化。拿地球举例，站在地面上的人相比于国际空间站的宇航员感受到的引力更大，时间进程就更慢，那么地面上的人长此以往将比空间站的宇航员更年轻！这项验证实验很早就做过。1971 年做过一次非常精确的测量，把 4 台铯原子钟（目前最精确的钟）分别放在民航客机上，在 1 万米高空沿赤道环行一周。一架飞机自西向东飞，一架飞机自东向西飞，然后与地面事先校准过的原子钟做比较。同时考虑狭义相对论效应和广义相对论效应，自东向西的理论值是飞机上的钟比地面钟快（275±21）纳秒（10^{-9} 秒），实验测量结果为快（273±7）纳秒，自西向东的理论值是飞机上的钟比地面钟慢（40±23）纳秒，实验测量结果为慢（59±10）纳秒。其中广义相对论效应（即引力效应）理论为自东向西快（179±18）纳秒，自西向东快（144±14）纳秒，都是飞行时钟快于地面时钟；但需要注意的是，由于飞机向东航行是与地球自转方向相同，所以相对地面静止的钟速度更快，导致狭义相对论效应（即运动学效应）更为显著，才使得总效应为飞行时钟慢于地面时钟。

此外，1964 年夏皮罗提出一项验证实验，利用雷达发射一束电磁波脉冲，经其他行星反射回地球再被接收。当来回的路径远离太阳，太阳的影响可忽略不

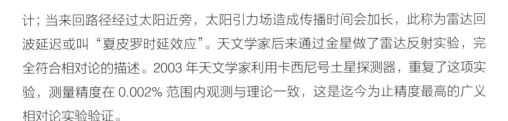

计；当来回路径经过太阳近旁，太阳引力场造成传播时间会加长，此称为雷达回波延迟或叫"夏皮罗时延效应"。天文学家后来通过金星做了雷达反射实验，完全符合相对论的描述。2003年天文学家利用卡西尼号土星探测器，重复了这项实验，测量精度在0.002%范围内观测与理论一致，这是迄今为止精度最高的广义相对论实验验证。

4. 引力红移

从大质量天体发出的光，由于处于强引力场中，其光振动周期要比同一种元素在地球上发出光的振动周期长，由此引起光谱线向红光波段偏移的现象。只有在引力场特别强的情况下，引力造成的红移量才能被检测出来。20世纪60年代，哈佛大学的杰弗逊物理实验室采用穆斯堡尔效应的实验方法，定量地验证了引力红移。他们在距离地面22.6米的高度，放置了一个伽马射线辐射源，并在地面设置了探测器。他们将辐射源上下轻轻地晃动，同时记录探测器测得的信号的强度，通过这种办法测量由引力势的微小差别所造成的谱线频率的移动。他们的实验方法十分巧妙，用狭义相对论和等效原理就能解释。结果表明实验值与理论值完全符合。2010年来自美国和德国的三位物理学家通过物质波干涉实验，将引力红移效应的实验精度提高了一万倍，从而更准确地验证了爱因斯坦广义相对论。

5. 黑洞

黑洞的质量极其巨大，而体积却十分微小，密度异乎寻常得大。所以，它所产生的引力场极为强劲，以至于任何物质和辐射在进入黑洞的一个事件视界（临界点）内，便再无法逃脱，甚至传播速度最快的光（电磁波）也无法逃逸。如果太阳要变成黑洞就要求其所有质量必须汇聚到半径仅3千米的空间内，而地球质量的黑洞半径只有0.89厘米。1964年，美籍天文学家里吉雅科尼意外地发现了天空中出现神秘的X射线源，方向位于银河系的中心附近。1971年美国"自由号"人造卫星发现该X射电源的位置是一颗超巨星，本身并不能发射所观测到的X射线，它事实上被一个看不见的约10倍太阳质量的物体牵引着，这被认为是人类发现的第一个黑洞。虽然黑洞不可见，但是它对周围天体运动的影响是显著的。现在，黑洞已经被人们普遍接受了，天文学家甚至可以用光学望远镜直接看到一些黑洞吸积盘的光。我们已经能够借助于射电望远镜对其进行详尽的研究。

6. 引力拖曳效应

一个旋转的物体特别是大质量物体还会使空间产生另外的拖曳扭曲，就好像在水里转动一个球，顺着球旋转的方向会形成小小的波纹和漩涡。地球的这一效应，将使在空间运行的陀螺仪的自转轴发生 41/1000 弧秒的偏转，这个角度大概相当于从华盛顿观看一个放在洛杉矶的硬币产生的张角。2004 年 4 月 20 日，美国航天局"引力探测 -B"（GP-B）卫星开始观测"测地线效应"，从而寻找"惯性系拖曳"效应的迹象。卫星在轨飞行了 17 个月，随后研究人员对测量数据进行了 5 年的分析。2011 年 5 月美国航天局发布消息称，GP-B 卫星已经证实了广义相对论的这项预测。

7. 引力波

爱因斯坦在发表了广义相对论后，又进一步阐述了引力场的概念。牛顿的万有引力定律显示出引力是"超距"的，比如太阳如果突然消失，那么地球就会瞬间脱离自己的轨道，这似乎是正确的。但爱因斯坦提出"引力"需要在时空中传递，需要时间，质量的变化引起引力场变化，引力会以光速向外传递，就像水波一样，这就是"引力波"的由来。不过爱因斯坦知道引力波很微弱，像太阳这样的恒星是不能引起剧烈扰动的，连他自己都认为可能永远都探测不到。1974 年，美国物理学家泰勒和赫尔斯利用射电望远镜，发现了由两颗中子星组成的双星系统 PSR1913+16，并利用其中一颗脉冲星，精准地测出两个致密星体绕质心公转的半长径以每年 3.5 米的速率减小，3 亿年后将合并，系统总能量周期每年减少 76.5 微秒，减少的部分应当就是释放出的引力波。泰勒和赫尔斯因为首次间接探测引力波而荣获 1993 年诺贝尔物理学奖。

2015 年 9 月 14 日第一次探测到了引力波，它来自一个 36 倍太阳质量的黑洞与一个 29 倍太阳质量的黑洞的碰撞。这两个黑洞碰撞后并合为一个 62 倍太阳质量的黑洞，失去的 3 倍太阳质量以引力波的形式释放出来，被 LIGO 捕捉到。随后，2015 年 12 月 26 日、2017 年 1 月 4 日、2017 年 8 月 14 日，LIGO 又先后三次探测到黑洞并合产生的引力波，其中最后一次是位于美国华盛顿和路易斯安娜的 LIGO 引力波天文台，以及位于意大利的室女座引力波天文台，首次共同探测到引力波。

2017 年引力波被发现，被誉为爱因斯坦光环的最后一块拼板。

三位来自美国的引力波研究专家韦斯、索恩以及巴里什荣膺 2017 年诺贝尔物理学奖的殊荣，以表彰 "他们对激光干涉引力波天文台（LIGO）和观测引力波所做出的决定性贡献"。

天文小贴士：与天文学有关的诺贝尔奖

诺贝尔奖的颁发始于 1901 年。设立有物理学奖、化学奖、生理学或医学奖、文学奖、和平奖共 5 份奖金。没有设天文学奖，下面列出和天文学密切相关的诺贝尔物理学奖获奖项目。

1. 奥地利物理学家黑斯（Haes）因发现宇宙线而荣获 1936 年的诺贝尔奖。1911 年，他用气球把电离室送到离地面 5000 多米的高空，进行大气导电和电离的实验，发现了来自地球之外的宇宙线。

2. 美国物理学家汤斯（Townes），1964 年因微波激射器的研制和激光的研究获得诺贝尔奖。他在 1957 年预言星际分子的存在，并于 1963 年在实验室里测出羟基（OH）的两条处在射电频段的谱线。这些分子谱线处在厘米波和毫米波段。1967 年发现星际分子，证实他的预言，开辟了毫米波天文学新领域。

3. 美国物理学家贝特（Bethe）因核反应理论研究获 1967 年诺贝尔奖。1938 年他提出太阳和恒星的能量来源理论，认为太阳中心温度极高，太阳核心的氢核聚变生成氦核释放出大量的能量。

4. 瑞典天文学家阿尔文（Alvin）获 1970 年诺贝尔奖。磁流体动力学的基础研究和发现，及其在等离子物理富有成果的应用。涉及太阳和宇宙磁流体力学（磁冻结）。

5. 英国天文学家赖尔（Ryle）获 1974 年诺贝尔奖。发明应用合成孔径射电天文望远镜，进行射电天体物理学的开创性研究。

6. 英国天文学家休伊什获 1974 年诺贝尔奖。发现脉冲星，证认为中子星。

7. 美国天文学家彭齐亚斯和威耳逊荣获 1978 年诺贝尔奖。发现宇宙背景辐射，为大爆炸理论提供了关键性的证据支持。

8. 美籍印度天文学家钱德拉塞卡获 1983 年诺贝尔奖。恒星演化及白矮星质量上限。对恒星结构和演化具有重要意义的物理过程进行的理论研究。

9. 美国天文学家福勒（Fowler）获 1983 年诺贝尔奖。对宇宙中化学元素形成具有重要意义的核反应所进行的理论和实验的研究。

10. 美国天文学家泰勒和美国天文学家赫尔斯（Hulse）获 1993 年诺贝尔奖。

他们发现了脉冲双星，由此间接证实了爱因斯坦所预言的引力波的存在。

11. 美国科学家雷蒙德·戴维斯（Raymond·Davis）、日本科学家小柴昌俊和美国科学家里卡尔多·贾科尼（Riccardo·Giacconi）获得 2002 年的诺贝尔奖。他们在天体物理学领域做出了先驱性贡献，其中包括在"探测宇宙中微子"和"发现宇宙 X 射线源"方面取得的成就。

12. 美国科学家约翰·马瑟（John·Mather）和乔治·斯穆特（George·Smoot）因发现了宇宙微波背景辐射的黑体形式和各向异性而获得 2006 年的诺贝尔奖。

13. 美国加州大学伯克利分校天体物理学家萨尔·波尔马特（Saul Perlmutter）、美国 / 澳大利亚物理学家布莱恩·施密特（Brian·Schmidt）以及美国科学家亚当·里斯（Adam Guy Riess）获得 2011 年诺贝尔奖。原因是他们通过观测遥远超新星发现宇宙的加速膨胀。

14. 日本的梶田隆章（Takaaki Kajita）与加拿大的阿瑟·麦克唐纳（Arthur B.Mcdonald）获得 2015 年诺贝尔奖，以表彰他们发现中微子振荡现象，该发现表明中微子拥有质量。

15. 3 位美国科学家雷纳·韦斯（Rainer Weiss），巴里·巴里什（Barry C. Barish）和基普·索恩（Kip S. Thorne）获得 2017 年诺贝尔奖，用以表彰他们在 LIGO 探测器和引力波观测方面做出的决定性贡献。探测结果不仅验证了广义相对论，也为了解双黑洞系统的成因提供了线索。

16. 2019 年诺贝尔物理学奖，美国普林斯顿大学教授吉姆·皮布尔斯（James Peebles）因"在宇宙物理学上的理论发现"独享一半奖金，英国剑桥大学教授迪迪埃·奎洛兹（Didier Queloz）和瑞士日内瓦大学教授米歇尔·麦耶（Michel Mayor）则因"发现一颗环绕类太阳恒星的系外行星"共享另一半。

17. 2020 年诺贝尔物理学奖，一半由英国科学家罗杰·彭罗斯（Roger Penrose）获得，理由是"发现黑洞的形成是对广义相对论的有力预测"。另一半由德国科学家莱因哈德·根泽尔（Reinhard Genzel）、美国科学家安德里亚·格兹（Andrea Ghez）共同获得，因为他们在银河系中心发现了一个超大质量的致密天体。

附录 1 全天最亮的 50 颗恒星

序号	中文名	英文名	所在星座	极限星等	距离／光年	颜色
1	天狼星	Sirius	大犬座	−1.47	8.6	白色
2	老人星	Canopus	船底座	−0.73	200	白色
3	南门二	Rigel Kentaurus	半人马座	−0.27	4.3	黄色
4	大角星	Arcturus	牧夫座	−0.06	36	橙色
5	织女星	Vega	天琴座	0.04	25	白色
6	五车二	Capella	御夫座	0.08	40	黄色
7	参宿七	Rigel	猎户座	0.11	700	青白色
8	南河三	Procyon	小犬座	0.38	11	淡黄色
9	参宿四	Betelgeuse	猎户座	0.42	650	红色
10	水委一	Achernar	波江座	0.46	80	青白色
11	马腹一	Hadar	半人马座	0.61	330	蓝白色
12	牛郎星	Altair	天鹰座	0.77	16	白色
13	十字架二	Acrux	南十字座	0.8	450	青白色
14	毕宿五	Aldebaran	金牛座	0.85	60	橙色
15	心宿二	Antares	天蝎座	0.96	500	红色
16	角宿一	Spica	室女座	0.97	350	青白色
17	北河三	Pollux	双子座	1.14	35	橙色
18	北落师门	Fomalhaut	南鱼座	1.16	22	白色
19	天津四	Deneb	天鹅座	1.25	1800	白色
20	十字架三	Mimosa	南十字座	1.25	500	蓝色
21	轩辕十四	Regulus	狮子座	1.35	84	青白色
22	弧矢七	Adhara	大犬座	1.5	600	蓝白色
23	北河二	Castor	双子座	1.58	50	白色
24	十字架一	Gacrux	南十字座	1.63	80	红色
25	尾宿八	Shaula	天蝎座	1.63	300	蓝白色

续表

序号	中文名	英文名	所在星座	极限星等	距离/光年	颜色
26	参宿五	Bellatrix	猎户座	1.64	400	蓝白色
27	五车五	Elnath	金牛座	1.65	130	红色
28	南船五	Miaplacidu	船底座	1.68	50	白色
29	参宿二	Alnilam	猎户座	1.7	1300	蓝白色
30	鹤一	AlNair	天鹤座	1.74	70	蓝白色
31	玉衡	Alioth	大熊座	1.77	60	白色
32	参宿一	Alnitak	猎户座	1.78	1300	蓝色
33	天枢	Dubhe	大熊座	1.79	70	橙色
34	天船三	Mirfak	英仙座	1.8	500	黄白色
35	天社一	Regor	船帆座	1.82	1000	蓝色
36	箕宿三	Kaus Australis	射手座	1.85	120	蓝白色
37	弧矢一	Wezen	大犬座	1.86	2800	黄白色
38	海石一	Avior	船底座	1.86	80	红色
39	摇光	Alkaid	天蝎座	1.86	150	蓝白色
40	尾宿五	Sargas	御夫座	1.87	200	黄白色
41	五车三	Menkalinan	狮子座	1.9	60	白色
42	轩辕十二	Obnova	狮子座	1.9	172	红色
43	三角形三	Atria	南三角座	1.92	100	黄色
44	井宿三	Alhena	双子座	1.93	80	白色
45	孔雀十一	Peacock	孔雀座	1.94	300	蓝色
46	军市一	Mirzam	大犬座	1.98	700	蓝白色
47	星宿一	Alphard	长蛇座	1.98	110	橙色
48	娄宿三	Hamal	白羊座	2	70	橙色
49	北极星	Polaris	小熊座	2.02	400	黄白色
50	斗宿四	Nunki	射手座	2.02	200	蓝白色

注释：太阳系天体的亮度（视星等）。太阳（-26.74）、月亮（-12.7）、金星（-4.6）、木星（-2.9）、火星（-2.9）、水星（-1.9）、土星（-0.2）、天王星（5.32）、海王星（7.78）。

附录2　全年著名流星雨

序号	名称	可见日期	辐射点			特征	小时流量		
			赤经	赤纬	附近恒星		一般	平均	极大
1	象限仪座	1月2—5日	230	+49	天龙座 ι	速度中等，亮度较高，红色。母体彗星：C/1490 Y1	60~200	100	
2	天琴座	4月22—23日	271	+33	天琴座 κ	迅速，亮，有火流星。母体彗星：C/1861 G1	5~25		90
3	宝瓶座	5月3—10日	335	−2	宝瓶座 η	速度中等，路径长。母体彗星：哈雷彗星	6~18	12	70
4	牧夫座	6月22—30日	228	+58	天龙座 ι	缓慢，不固定。母体彗星：7P彗星	1~2		100
5	摩羯座 α	7月25日—8月10日	308	−12	摩羯座 α	缓慢，母体彗星：1881 V	6~14		
6	宝瓶座南	7月27日—8月1日	339	−16	宝瓶座 δ	缓慢，两个辐射点，路径长。母体彗星：哈雷彗星	15~20		60
7	英仙座	8月7—15日	45	+57	英仙座 γ	迅速，路径长，亮，黄色。母体彗星：1862 III	30~60		400
8	天鹅座	8月下旬	287	+50	天鹅座 κ	迅速，火流星，亮		5	
9	御夫座	8月30日—9月4日	89	+39	御夫座 υ	缓慢。母体彗星：1911 II		6	10

续表

序号	名称	可见日期	辐射点			特征	小时流量		
			赤经	赤纬	附近恒星		一般	平均	极大
10	天龙座	10 月 8—9 日	262	+54	天龙座 ζ	缓慢。母体彗星：贾科比尼	不定		1000
11	猎户座	10 月 18—23 日	92	+17	猎户座 ν	迅速，有光迹。母体彗星：哈雷彗星		25	60
12	金牛座	11 月上旬	56	+15	金牛座 λ	缓慢，生光。母体彗星：恩克彗星		5	
13	狮子座	11 月 14—19 日	150	+22	狮子座 γ	迅速，路径长，青绿色，流星多，每小时最大流量呈 33 年周期。母体彗星：1866 Ⅱ	10～15		超过10万
14	凤凰座	12 月 5 日	15	−46	凤凰座 β	缓慢，生光，母体彗星：D/1819 W1	可变	3	100
15	双子座	12 月 11—16 日	111	+33	双子座 α	迅速，路径短，亮流星很多，白色。母体：小行星 3200 法厄同	10～20		120
16	小熊座	12 月 21—23 日	206	+80	小熊座 β	缓慢，有色彩。母体彗星：塔特尔彗星		10	

参考文献

[1] 弗拉马里翁 . 大众天文学（上、下）[M]. 李珩，译 . 桂林：广西师范大学出版社，2003.

[2] 霍斯金 . 剑桥插图天文学史 [M]. 江晓原，关增建，钮卫星译 . 济南：山东画报出版社，2003.

[3] 中国大百科全书编译委员会＜天文学＞编辑委员会 . 中国大百科全书（天文学）[M]. 北京：中国大百科全书出版社，1980.

[4] 恩斯特 . 海克尔 . 宇宙之谜 [M]. 苑建华，译 . 上海：上海译文出版社，2002.

[5] 科尼利厄斯 . 星空世界的语言 [M]. 颜可维，译 . 北京：中国青年出版社，2002.

[6] 陈久金 . 泄露天机：中西星空对话 [M]. 北京：群言出版社，2005.

[7] 朗盖尔 . 宇宙的世纪 [M]. 王文浩，译 . 长沙：湖南科学技术出版社，2010.

[8] 姚建明 . 天文学探秘 [M]. 北京：华艺出版社，2007.

[9] 姚建明 . 天文知识基础 [M]. 3 版 . 北京：清华大学出版社，2020.

[10] 姚建明 . 科学技术概论 [M].2 版 . 北京：中国邮电大学出版社，2015.

[11] 姚建明 . 地球灾难故事 [M]. 北京：清华大学出版社，2014.

[12] 姚建明 . 地球演变故事 [M]. 北京：清华大学出版社，2016.

[13] 姚建明 . 天与人的对话 [M]. 北京：清华大学出版社，2019.

[14] 姚建明 . 星座和《易经》[M]. 北京：清华大学出版社，2019.

[15] 姚建明 . 天神和人 [M]. 北京：清华大学出版社，2019.

[16] 姚建明 . 星星和我 [M]. 北京：清华大学出版社，2019.

[17] 姚建明 . 流星雨和许愿 [M]. 北京：清华大学出版社，2019.

[18] 姚建明 . 黑洞和幸运星 [M]. 北京：清华大学出版社，2019.

[19] 姚建明 . 天文知识基础 [M]. 北京：清华大学出版社，2008.

[20] 姚建明 . 天文知识基础 [M].2 版 . 北京：清华大学出版社，2013.

[21] 霍伊尔 . 物理天文学前沿 [M]. 何香涛，赵君亮，译 . 长沙：湖南科学技术出版社，2005.

[22] 皮特森.宇宙新视野 [M].胡中为，刘炎，译.长沙：湖南科学技术出版，2006.

[23] 霍金.果壳中的宇宙 [M].吴忠超，译.长沙：湖南科学技术出版社，2002.

[24] 纽康.通俗天文学——和宇宙的一场对话 [M].金克木，译.北京：当代世界出版社，2006.

[25] 野本阳代，威廉姆斯.透过哈勃看宇宙：无尽星空 [M].刘剑，译.北京：电子工业出版社，2007.

[26] 伏古勒尔.天文学简史 [M].李珩，译.北京：中国人民大学出版社，2010.